# Selvicultura

Editado por:
EDITORIAL FAE, S.L.U.
Correo electrónico: editorial@editorialfae.com

**Selvicultura**
Elsa Rubio Dulce

1ª Edición



ISBN: 978-84-1135-382-3

Impreso en España

# Índice

## U. A. 1. Bases de la selvicultura preventiva



## U. A. 2. Tratamientos selvícolas: podas, clareos, desbroces, eliminación de residuos, etc.

## U. A. 3. Planes de prevención



## U. A. 4. Áreas cortafuegos: cortafuegos artificiales, cortafuegos verdes y cortafuegos naturales (pedregales, vías, carreteras, etc.)

## U. A. 5. Utilización del fuego como herramienta de prevención

# U. A. 1. Bases de la selvicultura preventiva

## Introducción

La selvicultura es el conjunto de técnicas y prácticas destinadas a la gestión, conservación y aprovechamiento sostenible de los montes. En particular, la selvicultura preventiva cobra cada vez mayor relevancia ante el contexto de cambio climático, incremento de incendios forestales y deterioro de masas vegetales mal gestionadas. Esta disciplina se enfoca en la obtención de beneficios productivos del monte, en la protección frente a riesgos naturales y en la mejora del equilibrio ecológico.

Esta unidad sienta las bases conceptuales para comprender la estructura y dinámica de las masas forestales españolas, así como las principales clasificaciones que permiten su análisis técnico. También introduce los tratamientos selvícolas clásicos y preventivos, las estrategias de regeneración y mejora, y el papel de la selvicultura como herramienta clave en la gestión forestal sostenible.

Este enfoque busca maximizar los recursos que ofrecen los bosques (madera, biomasa, recreación, biodiversidad), y minimizar riesgos como incendios, plagas o erosión, integrando criterios técnicos, ecológicos y sociales.

## Objetivos

- Comprender los fundamentos históricos y técnicos de la selvicultura.
- Identificar los tipos de masas forestales y los caracteres culturales asociados.
- Clasificar los elementos que forman la masa forestal, diferenciando los distintos tipos de pies.
- Describir las características principales de los montes españoles desde un punto de vista técnico y ecológico.
- Reconocer los tratamientos selvícolas más utilizados en la regeneración y mejora forestal.
- Distinguir los tratamientos preventivos frente a riesgos, especialmente incendios forestales.
- Valorar el papel de la selvicultura preventiva en la sostenibilidad y protección del ecosistema forestal.

# 1. Introducción

La **selvicultura** es una disciplina clave dentro del ámbito forestal que se encarga de planificar y ejecutar intervenciones sobre los ecosistemas forestales para garantizar su sostenibilidad, productividad y capacidad de prestación de servicios ecosistémicos. A lo largo del tiempo, esta práctica ha evolucionado desde una explotación puramente utilitaria de los recursos del bosque hacia un enfoque más integral, en el que se valora la función ecológica, social y protectora de los montes.

En este contexto, la selvicultura preventiva emerge como una herramienta esencial para mejorar la estructura y el estado de las masas forestales, y para minimizar riesgos como los incendios forestales, las plagas o la erosión.

*Fig. 1. La selvicultura busca anticiparse a los factores de degradación y promover la resiliencia del ecosistema forestal mediante tratamientos planificados y sostenibles*

## 1.1. Un poco de historia

El desarrollo histórico de la selvicultura está estrechamente ligado a la evolución de la relación entre el ser humano y los bosques. En las primeras civilizaciones, los montes eran considerados fuentes inagotables de recursos: madera, leña, caza y pastos. La gestión forestal era casi inexistente, basada en una extracción directa sin criterios técnicos.

## A. Edad Media y primeros sistemas de ordenación

Durante la Edad Media, en Europa se intensifica el uso de los bosques para satisfacer las necesidades crecientes de las poblaciones, especialmente en lo referente a la madera como combustible y material de construcción. Ante los primeros síntomas de sobreexplotación, comienzan a establecerse normas consuetudinarias y privilegios sobre el uso forestal, aunque la gestión seguía siendo empírica.

En los siglos XVII y XVIII, algunos países centroeuropeos, como Alemania o Francia, desarrollan los primeros sistemas técnicos de ordenación forestal. Aparecen conceptos como el rendimiento sostenible (*nachhaltigkeit*), que buscaba equilibrar el volumen extraído con la capacidad natural del bosque para regenerarse.

## B. Siglo XIX: profesionalización y ciencia forestal

A partir del siglo XIX, la selvicultura se consolida como una disciplina científica. Se crean las primeras escuelas de ingeniería forestal en Europa, como la de Nancy (Francia) o la de Tharandt (Alemania), y se sistematizan las técnicas de repoblación, corta y regeneración. Este periodo se caracteriza por un enfoque productivista, centrado en especies de rápido crecimiento y el aprovechamiento maderero.

## C. En España

En España, la historia de la selvicultura está marcada por procesos de desamortización y pérdida de masa forestal durante los siglos XVIII y XIX. La creación del Cuerpo de Ingenieros de Montes en 1853 y la posterior fundación de la Escuela de Ingenieros de Montes marcaron un punto de inflexión. A lo largo del siglo XX se aplicaron planes de repoblación (como los del ICONA en la posguerra) y se avanzó hacia modelos de gestión multifuncional.

*Fig. 2. La repoblación con especies de crecimiento rápido, como los eucaliptos o ciertos pinos, se utiliza habitualmente para la producción de madera o papel, aunque puede reducir la biodiversidad y alterar el equilibrio del ecosistema si no se gestiona de forma sostenible*

### D. Enfoques actuales

Desde finales del siglo XX y especialmente en el siglo XXI, la selvicultura ha incorporado criterios ecológicos y preventivos. Ya no se prioriza únicamente la producción de madera, sino también la biodiversidad, la conservación del suelo, la mitigación del cambio climático y la prevención de riesgos naturales, con especial atención a los incendios forestales.

**Anotación**

La selvicultura preventiva no es una alternativa a la selvicultura clásica, sino una evolución de esta que integra nuevos desafíos ambientales, sociales y económicos, adaptando la gestión forestal a un contexto de cambio global.

## 2. Conceptos generales

La selvicultura, como ciencia aplicada, requiere una comprensión precisa de los elementos que constituyen el ecosistema forestal. Para ello, se utilizan una serie de conceptos básicos que permiten describir, evaluar y planificar las actuaciones sobre el monte. Entre los más relevantes se encuentran la masa forestal, los pies que la componen y sus caracteres culturales.

*Fig. 3. Una masa forestal es el conjunto de vegetación leñosa (principalmente árboles) que crece de forma más o menos homogénea sobre un terreno determinado*

## 2.1. Clasificación de las masas forestales

Las masas forestales pueden clasificarse según distintos criterios.

A continuación, se describen los más utilizados en el ámbito técnico y forestal:

### A. Según su origen

Esta clasificación distingue si el bosque se ha originado de manera natural o mediante intervención humana:

| Tipo de masa | Descripción |
| --- | --- |
| Natural | Se desarrolla sin intervención directa del ser humano. Se regeneran de forma espontánea. |
| Seminatural | De origen natural, pero influenciada por el manejo humano (clareos, podas, repoblaciones puntuales). |
| Artificial (repoblación) | Implantada por el hombre, generalmente mediante siembra o plantación. Suele tener estructura uniforme. |

Una plantación de pino insigne realizada para producción maderera en Galicia se considera una masa artificial, mientras que un hayedo que se regenera por sí mismo en los Pirineos se clasifica como masa natural.

## B. Según su estructura vertical

Este criterio considera la organización de los árboles en altura y su estratificación:

| Tipo de masa | Descripción |
|---|---|
| **Monoestratificada** | Todos los árboles tienen alturas similares, formando un único estrato. |
| **Pluriestratificada** | Se presentan varios niveles de vegetación (árboles altos, medios, arbustos). Refleja una estructura más compleja y biodiversa. |

## C. Según su estructura horizontal

Este tipo de clasificación evalúa la disposición y regularidad de los árboles sobre el terreno:

| Tipo de masa | Descripción |
|---|---|
| **Regular** | Todos los árboles tienen edades y dimensiones similares. Es típico de las masas de repoblación. |
| **Irregular** | Los árboles presentan diversas edades y tamaños. Típico de bosques naturales bien conservados. |

## D. Según la especie dominante

Aquí se distingue si el monte está formado por una sola especie o varias:

| Tipo de masa | Descripción |
|---|---|
| **Monoespecífica** | Predomina una única especie arbórea (por ejemplo, un pinar). |
| **Miespecífica o mixta** | Existen varias especies conviviendo en proporciones variables. |

**Anotación**

Las masas mixtas suelen tener una mayor resiliencia ecológica frente a perturbaciones (incendios, enfermedades, sequías), mientras que las monoespecíficas, aunque más productivas en el corto plazo, son más vulnerables a riesgos ambientales.

### E. Según la edad de los pies

Este criterio se basa en la homogeneidad o diversidad en la edad de los árboles que componen la masa:

| Tipo de masa | Descripción |
|---|---|
| **De edad uniforme** | Todos los árboles tienen una edad similar. Se gestiona como una unidad temporal. |
| **De edad irregular** | Se encuentran árboles jóvenes, adultos y envejecidos en convivencia natural. |

*Fig. 4. El conjunto de clasificaciones permite al técnico forestal describir adecuadamente una masa forestal y planificar los tratamientos selvícolas más apropiados, tanto desde una perspectiva productiva como preventiva*

## 2.2. Clasificación de los pies que forman la masa forestal

En selvicultura, se denomina pie a cada uno de los árboles o arbustos que componen una masa forestal. La clasificación de estos pies permite entender su origen, función y etapa de desarrollo dentro del ecosistema forestal, lo cual resulta esencial para aplicar tratamientos adecuados.

Existen diversas formas de clasificar los pies forestales. A continuación, se presentan las más relevantes:

## A. Según el origen de regeneración

Este criterio distingue el tipo de regeneración del árbol:

| Tipo de pie | Descripción |
|---|---|
| **De semilla (plántula)** | Proviene de la germinación de una semilla. Genera árboles de fuste único y crecimiento más vigoroso. |
| **De rebrote (de cepa o raíz)** | Se origina a partir del rebrote de una cepa o raíz tras la corta. Habitual en especies como el quejigo o el castaño. |
| **De injerto** | Árboles implantados por injerto sobre un patrón. Frecuente en plantaciones con valor comercial. |

Un roble surgido espontáneamente tras la caída de su bellota es un pie de semilla; en cambio, un castaño rebrotado tras una corta baja será un pie de cepa.

## B. Según su función dentro de la masa

Dependiendo del momento del turno de corta y del papel que desempeñan, se diferencian:

| Tipo de pie | Descripción |
|---|---|
| **Dominante** | Árbol de mayor altura y diámetro; recibe más luz y crece más rápidamente. |
| **Codominante** | Comparte el dosel superior con los dominantes, pero con menor vigor. |
| **Suplicante o suprimido** | Árboles pequeños en sombra, con crecimiento reducido, generalmente sin futuro silvícola. |
| **De reserva** | Conservados para futuras cortas o regeneración. |

### C. Según el estado fisiológico

Este aspecto es clave para evaluar la salud del bosque:

| Tipo de pie | Descripción |
|---|---|
| **Sano o vigoroso** | Con buen crecimiento, copa completa y sin signos de enfermedad. |
| **Declinante** | Muestra signos de decaimiento, pérdida de copa o coloración anormal. |
| **Muerto en pie** | Árbol seco que aún no ha caído. Puede tener valor ecológico (hábitat de fauna). |

**Anotación**

La identificación de pies dominantes y vigorosos es fundamental en los clareos de mejora, mientras que los suplicantes o enfermos suelen eliminarse en limpias sanitarias.

## 2.3. Caracteres culturales

Los caracteres culturales son aquellos aspectos que permiten valorar el interés silvícola y comercial de un pie o masa forestal. Se utilizan como criterios técnicos de selección y evaluación en los tratamientos selvícolas.

Entre los más relevantes se encuentran:

- **Forma del fuste:** El fuste recto y sin ramificaciones bajas es el más valorado desde el punto de vista maderero.

*Fig. 5. Las irregularidades, bifurcaciones o nudos afectan negativamente a la calidad*

- **Desarrollo de la copa:** Una copa amplia, densa y equilibrada indica un árbol sano y con buen acceso a la luz.

*Fig. 6. Las copas deformadas, raquíticas o desproporcionadas revelan estrés o competencia excesiva*

- **Estado sanitario:** Incluye la ausencia de plagas, hongos o heridas. Un buen estado fitosanitario es clave para la longevidad y productividad del árbol.

- **Vigor vegetativo:** Se refiere a la capacidad de crecimiento del pie, observable en la longitud de los brotes, grosor del tronco y coloración de las hojas. Cuanto mayor sea el vigor, mayor será el potencial productivo.

- **Adaptación al medio:** El pie debe mostrar buena aclimatación al tipo de suelo, pendiente, altitud y clima local. Los árboles mal adaptados tienen menor tasa de supervivencia y rendimiento.

En tratamientos de mejora, los pies con buenos caracteres culturales son los seleccionados como árboles de futuro o de reserva, mientras que los que presentan deficiencias visibles son objeto de eliminación para favorecer el desarrollo de los mejores ejemplares.

## 3. Características de los montes españoles

Los montes españoles se caracterizan por una gran diversidad ecológica, consecuencia de la variabilidad climática, edáfica y geográfica del territorio. Esta diversidad se refleja tanto en las especies forestales como en los tipos de gestión histórica aplicados en cada región.

Entre las principales características de los montes en España, destacan las siguientes:

### A. Alta biodiversidad y heterogeneidad

España posee más de 180 especies de árboles y arbustos forestales autóctonos, con una distribución muy dispar según el clima y la altitud. Se pueden encontrar desde bosques atlánticos húmedos (hayas, robles, castaños) hasta formaciones mediterráneas secas (encinas, alcornoques, pinares xerófilos).

En el norte de España predominan los bosques caducifolios (como los hayedos), mientras que en el centro y sur se extienden las formaciones de encinares y alcornocales.

### B. Amplia proporción de monte privado

Aproximadamente el 70% de la superficie forestal española es de titularidad privada, lo que condiciona la gestión y la aplicación de tratamientos selvícolas. Las iniciativas públicas suelen centrarse en montes de utilidad pública o en programas de ayudas a propietarios.

## C. Elevado porcentaje de masas repobladas

Durante el siglo XX se llevaron a cabo amplios programas de repoblación forestal, especialmente entre 1940 y 1980. Estos planes priorizaron especies de crecimiento rápido como el pino carrasco, pino insigne o eucalipto, muchas veces en terrenos marginales o degradados.

**Anotación**

Las repoblaciones, aunque ayudaron a frenar la erosión y desertificación, generaron masas monoespecíficas más vulnerables a plagas e incendios, lo que hoy requiere intervenciones de mejora y diversificación.

## D. Elevado riesgo de incendio

El clima mediterráneo, con veranos calurosos y secos, junto a factores como el abandono rural, la acumulación de combustible vegetal y las masas densas de repoblación, convierten a España en uno de los países europeos con mayor riesgo de incendios forestales.

*Fig. 7. El gran riesgo de incendios justifica la importancia creciente de la selvicultura preventiva*

### E. Multifuncionalidad del monte

Los montes españoles cumplen múltiples funciones: **productiva** (madera, leña, corcho, resina), **protectora** (control de erosión, regulación hídrica), **ecológica** (biodiversidad, captura de $CO_2$) y **sociocultural** (ocio, paisaje, patrimonio rural).

## 4. Selvicultura para la regeneración y mejora

La selvicultura para la regeneración y mejora comprende el conjunto de tratamientos aplicados con el objetivo de favorecer el desarrollo y renovación de las masas forestales, asegurando su sostenibilidad a largo plazo. Estos tratamientos se aplican tanto en masas naturales como en repoblaciones, y pueden tener fines productivos, ecológicos o preventivos.

La regeneración es el proceso mediante el cual se garantiza el relevo generacional de los árboles en una masa forestal.

Puede ser:

| Tipo de regeneración | Descripción |
|---|---|
| **Natural** | Basada en la producción de semillas o rebrotes de los propios árboles existentes. Se promueve mediante clareos, cortas progresivas, selección de árboles madre, etc. |
| **Artificial** | Consiste en la plantación o siembra de nuevas especies, generalmente cuando la regeneración natural es insuficiente o inexistente. |

En zonas donde el suelo ha sido erosionado o no quedan ejemplares reproductores, se recurre a repoblaciones artificiales para restaurar la masa forestal.

Por su parte, los tratamientos de mejora son actuaciones que buscan incrementar la calidad, estabilidad y valor silvícola de una masa existente.

Los principales son:

- **Clareos:** Eliminación de árboles mal conformados o poco vigorosos para favorecer los mejores ejemplares.
- **Podas:** Corte de ramas bajas o secas para mejorar la calidad del fuste.
- **Resalveos:** Eliminación de rebrotes no deseados para fortalecer pies seleccionados.
- **Desbroces:** Retirada de matorral excesivo que compite por recursos o facilita la propagación del fuego.

Los tratamientos se aplican según:

- **Edad y densidad de la masa**: masas jóvenes y densas requieren aclarado precoz; masas adultas pueden necesitar podas selectivas.
- **Objetivos de gestión**: producción maderera, prevención de incendios, conservación del hábitat, etc.
- **Condiciones ecológicas**: tipo de suelo, pendiente, acceso, especies presentes.

La regeneración natural suele ser más económica y ecológicamente estable, pero depende de condiciones muy precisas. Por eso, muchas veces se combina con tratamientos de mejora silvícola que aseguren su éxito.

## 5. Tratamientos selvícolas o tipos de corta

Los **tratamientos selvícolas** son intervenciones planificadas sobre una masa forestal con el fin de regular su estructura, composición, densidad, salud y productividad. Entre los tratamientos más relevantes se encuentran las **cortas**, que pueden aplicarse con objetivos de regeneración, mejora, aprovechamiento o prevención.

La clasificación de las cortas depende de diversos criterios. A continuación, se presentan las más relevantes.

**Según su finalidad:**

| Tipo de corta | Descripción |
|---|---|
| **Corta de regeneración** | Busca promover el establecimiento de una nueva generación de árboles, sea por medios naturales o artificiales. |
| **Corta de mejora** | Elimina pies defectuosos, suprimidos o mal adaptados para favorecer el desarrollo de los mejores ejemplares. |
| **Corta de aprovechamiento** | Se orienta a la obtención de productos forestales (madera, leña), respetando los principios de sostenibilidad. |
| **Corta preventiva** | Se aplica para reducir riesgos como incendios, enfermedades o caídas por tormentas. |

**Según el sistema silvícola aplicado:**

Este enfoque considera el modelo de estructura y evolución de la masa. Existen tres grandes tipos:

- **Corta a tala rasa (sistema de monte claro o uniforme):**
  - Consiste en cortar la totalidad de los árboles de una superficie determinada en un mismo momento o en un corto periodo.
  - Se aplica generalmente en masas **regulares** y de especie única, con regeneración artificial posterior.

**Anotación**

Aunque es eficiente productivamente, la tala rasa puede ser ecológicamente agresiva si no se acompaña de medidas correctoras (control de erosión, repoblación, retención de árboles semilleros, etc.).

*Fig. 8. La tala rasa implica la eliminación total del arbolado y debe planificarse cuidadosamente para evitar la degradación del suelo y facilitar una adecuada regeneración o repoblación forestal*

- **Corta por entresaca o por selección (sistema de monte irregular o continuo):**
  - Se realiza una extracción selectiva y periódica de árboles concretos (por calidad, edad, vigor).
  - Permite mantener una estructura pluriestratificada, con regeneración natural continua.
  - Adecuada para masas mixtas y con alta biodiversidad.

- **Corta progresiva o en grupos (sistema de monte alto regular):**
  - Implica la regeneración escalonada de la masa mediante fases: corta de preparación, corta de regeneración y corta final.
  - Deja espacio a la luz progresivamente y protege la regeneración joven frente a condiciones extremas.
  - Requiere planificación y control técnico.

En un pinar mediterráneo denso con riesgo de incendio, se puede aplicar una corta selectiva para abrir claros, eliminar combustible vegetal y favorecer especies menos inflamables.

## 6. Bases de la selvicultura preventiva

La selvicultura preventiva es una rama especializada que tiene como objetivo reducir la vulnerabilidad de los ecosistemas forestales ante perturbaciones, especialmente los incendios, las plagas, el cambio climático y la erosión. A diferencia de la selvicultura clásica, su finalidad no es la producción, sino la protección activa y adaptativa del monte.

*Fig. 9. La selvicultura preventiva incluye tareas de observación y seguimiento en el monte para anticiparse a riesgos como incendios, plagas o desequilibrios ecológicos, facilitando una gestión sostenible del territorio forestal*

A continuación, se explican sus fundamentos clave:

- **Principio de anticipación.** La selvicultura preventiva se basa en intervenir antes de que el riesgo se materialice, mediante acciones que disminuyen la carga de combustible, la continuidad de la vegetación o la densidad excesiva de pies. No espera al deterioro, sino que actúa con previsión.

- **Reducción del combustible forestal.** Uno de sus objetivos principales es evitar que se acumulen biomasa muerta, sotobosque denso o copas continuas, que son factores de propagación del fuego o vectores de plagas.
  - Se promueven desbroces, clareos, podas bajas y eliminación de residuos.
  - También se favorecen especies menos inflamables o con comportamiento más resiliente.

- **Mejora de la estructura forestal.** La selvicultura preventiva busca masas:

  - Bien distribuidas (sin competencia excesiva).
  - Con mezcla de especies (mayor resistencia ecológica).
  - Con buena circulación de aire y luz, lo que reduce humedad excesiva y enfermedades.

- **Protección del suelo.** Mediante la conservación de la cobertura vegetal y la reducción de escorrentías, se limita la erosión y el riesgo de pérdida de fertilidad, especialmente en zonas con fuerte pendiente o tras incendios.

- **Enfoque multifuncional.** La selvicultura preventiva se integra con otros usos del monte (pastos, usos recreativos, conservación de fauna), diseñando estrategias que compatibilicen la protección con el aprovechamiento sostenible.

**Saber más**

En zonas de interfaz urbano-forestal (donde el monte colinda con viviendas o infraestructuras), la selvicultura preventiva es prioritaria para proteger a las personas y bienes, siendo obligatoria en muchas comunidades autónomas.

# Resumen

La selvicultura es la disciplina que se encarga de la gestión técnica de los montes con el fin de conservar, mejorar y aprovechar de manera sostenible los recursos forestales. Dentro de esta ciencia, la selvicultura preventiva desempeña un papel esencial al orientarse a reducir la vulnerabilidad de las masas forestales frente a amenazas como incendios, plagas o la pérdida de suelo fértil. Esta vertiente de la gestión forestal actúa de forma anticipada y planificada, promoviendo la resiliencia ecológica del bosque mediante tratamientos adecuados.

Históricamente, la relación del ser humano con los montes ha evolucionado desde una explotación intensiva sin criterios técnicos hacia una gestión racional basada en la ciencia forestal. En España, esta evolución estuvo marcada por importantes repoblaciones, la institucionalización de la ingeniería de montes y la necesidad de frenar la degradación del territorio. Hoy en día, se reconoce que los montes cumplen funciones productivas, ecológicas y sociales, y su gestión debe contemplar todas ellas.

Para intervenir correctamente en un ecosistema forestal, es fundamental entender algunos conceptos básicos. La masa forestal es el conjunto de árboles que crecen sobre un terreno determinado, y puede clasificarse por su origen (natural o artificial), estructura (regular o irregular), composición (monoespecífica o mixta) o edad. Los pies son los árboles individuales que conforman la masa, y se clasifican según su origen (de semilla o de rebrote), su estado fisiológico (sano, enfermo o muerto en pie) o su función en la masa (dominante, codominante, suplicante).

Además, cada pie puede evaluarse por sus caracteres culturales, que permiten seleccionar aquellos con mayor valor silvícola: forma del fuste, desarrollo de la copa, estado sanitario, vigor y adaptación al medio. Estos criterios son fundamentales en los tratamientos de mejora.

Los montes españoles presentan una gran diversidad debido a la variedad climática, edáfica y topográfica del país. A esto se suma la alta proporción de monte privado, la abundancia de masas repobladas con especies como el pino o el eucalipto, y un elevado riesgo de incendios. Este contexto hace imprescindible aplicar tratamientos selvícolas bien planificados.

Entre los tratamientos más comunes se encuentran las cortas, que pueden tener fines de regeneración, mejora, aprovechamiento o prevención. Las cortas se clasifican según el sistema aplicado: tala rasa (eliminación total y simultánea), entresaca (extracción selectiva) o corta progresiva (regeneración en fases). Otros tratamientos asociados son el clareo, la poda, el desbroce y la eliminación de residuos, todos ellos fundamentales en el mantenimiento y evolución saludable del monte.

La selvicultura preventiva actúa reduciendo la densidad de combustible vegetal, mejorando la estructura del bosque y reforzando su estabilidad ecológica. De este modo, se convierte en una herramienta indispensable para gestionar los montes de forma sostenible y segura, especialmente en un país como España, donde las condiciones naturales y sociales favorecen el riesgo de incendios forestales y degradación del entorno natural.

# Glosario

**Árbol dominante**

Árbol que se impone por su altura y desarrollo, recibe mayor luz y suele tener mayor potencial productivo.

**Árbol suprimido o suplicante**

Árbol que crece en condiciones de sombra intensa, con escaso vigor, y sin perspectivas de futuro silvícola.

**Caracteres culturales**

Conjunto de rasgos observables en un árbol (forma del fuste, copa, vigor, estado sanitario, adaptación al medio) que permiten valorar su interés técnico y económico dentro de la gestión forestal.

**Clareo**

Eliminación de algunos árboles jóvenes o de escaso valor para reducir la competencia y permitir el desarrollo de los ejemplares más prometedores.

**Corta de mejora**

Intervención destinada a eliminar árboles de escaso valor silvícola para favorecer el crecimiento de los mejores ejemplares.

**Corta de regeneración**

Acción planificada para facilitar el establecimiento de una nueva generación de árboles, ya sea de forma natural o artificial.

**Corta progresiva**

Sistema de regeneración escalonada de la masa, mediante varias fases sucesivas de corta (preparación, regeneración, final).

**Corta**

Tratamiento silvícola que consiste en la eliminación parcial o total de árboles, con fines de regeneración, mejora, aprovechamiento productivo o prevención.

**Desbroce**

Eliminación del matorral o vegetación baja que puede competir con los árboles o servir de combustible en caso de incendio.

**Entresaca**

Corta selectiva que extrae solo determinados árboles, respetando el resto de la masa. Es típica de masas irregulares.

**Masa forestal**

Conjunto de árboles y vegetación leñosa que crece en un área determinada y que presenta características homogéneas desde el punto de vista estructural, ecológico o de gestión.

**Monte irregular**

Masa forestal en la que conviven árboles de diferentes edades y tamaños, con una estructura más diversa y natural.

**Monte regular**

Masa forestal compuesta por árboles de edad y tamaño similares, con una estructura uniforme.

**Pie**

Árbol individual o unidad básica que forma parte de una masa forestal.

**Poda**

Corte selectivo de ramas, generalmente en el tramo inferior del fuste, para mejorar la calidad de la madera, reducir el riesgo de incendios o facilitar el acceso.

**Regeneración artificial**

Implantación del arbolado mediante siembra o plantación por parte del ser humano, habitualmente en terrenos degradados o repoblaciones.

**Regeneración natural**

Proceso de renovación del bosque mediante la germinación espontánea de semillas o el rebrote de cepas existentes, sin intervención artificial directa.

**Selvicultura preventiva**

Rama de la selvicultura centrada en reducir la vulnerabilidad del ecosistema forestal ante perturbaciones como incendios, plagas, sequías o erosión, mediante actuaciones planificadas.

**Selvicultura**

Conjunto de técnicas aplicadas a la gestión, conservación y mejora de los montes y masas forestales, con el objetivo de asegurar su aprovechamiento sostenible a largo plazo.

**Tala rasa**

Corta total de todos los árboles de una superficie determinada, generalmente seguida de una repoblación artificial.

# Ejercicios de autoevaluación

**1. ¿Cuál de las siguientes opciones describe mejor la selvicultura preventiva?**

a. Es una técnica que busca aumentar el rendimiento maderero.
b. Es un conjunto de prácticas agrícolas en zonas rurales.
c. Es una disciplina que busca anticiparse a riesgos como incendios o plagas.
d. Es la tala total de masas forestales con fines energéticos.

**2. ¿Qué se entiende por masa forestal?**

a. La madera almacenada en una explotación forestal.
b. El conjunto de vegetación leñosa sobre un terreno determinado.
c. La cantidad de carbono que absorbe un bosque.
d. El sistema radicular de un bosque maduro.

**3. ¿Cómo se denomina una masa forestal de origen humano mediante siembra o plantación?**

a. Natural.
b. Seminatural.
c. Artificial.
d. Espontánea.

**4. ¿Qué tipo de masa tiene árboles de diferentes edades y alturas?**

a. Irregular.
b. Regular.
c. Monoestratificada.
d. Artificial.

**5. Una masa monoespecífica se caracteriza por:**

a. Tener solo árboles jóvenes.
b. Estar compuesta por una sola especie dominante.
c. Presentar varios estratos de vegetación.
d. Ser pluriestratificada y heterogénea.

**6. ¿Qué tipo de pie forestal se origina a partir de una semilla?**

a. De injerto.
b. De cepa.
c. De semilla.
d. Dominante.

**7. ¿Cuál de los siguientes no es un carácter cultural evaluable en un pie forestal?**

a. Forma del fuste.
b. Desarrollo de la copa.
c. Tasa de evapotranspiración.
d. Estado sanitario.

**8. ¿Qué región española es más representativa de bosques caducifolios como los hayedos?**

a. Andalucía.
b. Norte peninsular.
c. Región de Murcia.
d. Baleares.

**9. ¿Cuál es el principal riesgo ambiental que enfrenta actualmente la masa forestal española?**

a. Desertificación urbana.
b. Incendios forestales.
c. Sobrepastoreo intensivo.
d. Pérdida de productividad agrícola.

**10. ¿Qué tipo de regeneración depende de las propias semillas o brotes del bosque?**

a. Artificial.
b. Controlada.
**c.** Estimulada.
d. Natural.

# U. A. 2. Tratamientos selvícolas: podas, clareos, desbroces, eliminación de residuos, etc.

## Introducción

La selvicultura no se limita únicamente a la plantación o conservación pasiva del bosque; implica una gestión activa y técnica de las masas forestales para mejorar su vitalidad, productividad y resistencia frente a agentes perturbadores como plagas, incendios o sequías. En este contexto, los tratamientos selvícolas constituyen un conjunto de intervenciones planificadas que modifican la estructura, densidad y composición de la masa forestal en sus distintas etapas de desarrollo.

En esta unidad se abordan los principales tratamientos selvícolas, tanto generales como parciales. Se estudian sus objetivos, modalidades, técnicas de ejecución y aplicaciones prácticas, además de su integración con la mecanización y la eliminación de residuos vegetales como parte de una selvicultura preventiva eficaz. Comprender estas técnicas resulta esencial para garantizar el desarrollo equilibrado de los bosques, reducir la carga de combustible vegetal y minimizar el riesgo de incendios forestales.

## Objetivos

- Identificar y describir los principales tratamientos selvícolas, diferenciando entre tratamientos generales y parciales.
- Explicar las características y aplicaciones de cada tipo de corta, como las cortas continuas, semicontinuas y discontinuas.
- Aplicar criterios técnicos para la ejecución de limpias, clareos, claras y podas, comprendiendo su importancia en el ciclo de vida del bosque.
- Valorar el papel de la mecanización en la selvicultura preventiva, conociendo las herramientas y máquinas implicadas.
- Interpretar las estrategias adecuadas para la eliminación de residuos vegetales, en función de las condiciones del terreno y los objetivos de prevención.

## 1. Tratamientos generales

Los **tratamientos generales** en selvicultura son aquellos que afectan a grandes superficies del bosque y se aplican de manera planificada para regular el ciclo de vida de la masa forestal. Su finalidad principal es la renovación progresiva del bosque, asegurando su sostenibilidad y equilibrio ecológico, económico y social.

*Fig. 1. La corta selectiva permite reducir la densidad del bosque, favoreciendo su desarrollo estructural, reduciendo el riesgo de incendios y facilitando otras tareas de gestión selvícola*

Estos tratamientos se clasifican según la **frecuencia y continuidad de las cortas** aplicadas sobre la masa forestal. Pueden organizarse en tres grandes grupos:

- Cortas continuas.
- Cortas semicontinuas.
- Cortas discontinuas.

Cada tipo de corta responde a un enfoque específico de gestión forestal, adaptado a las características del terreno, el tipo de especie y los objetivos productivos o de conservación.

## 1.1. Cortas continuas

Las **cortas continuas** constituyen un método de aprovechamiento forestal en el que la extracción de árboles se lleva a cabo de forma regular, progresiva y con bajo impacto visual. Se interviene de manera reiterada sobre individuos aislados o pequeños grupos de árboles, favoreciendo así una regeneración natural y constante de la masa forestal.

*Fig. 2. Las cortas continuas se aplican especialmente en montes altos regulares, donde todos los árboles tienen edades similares, aunque puede adaptarse a otras estructuras si se busca promover una cubierta boscosa uniforme con sucesivas regeneraciones*

Las principales características de las cortas continuas son las siguientes:

- La corta se realiza sobre árboles individuales o grupos reducidos, dejando espacio suficiente para el desarrollo de nuevos brotes.
- Se mantiene en todo momento una cobertura arbórea continua, protegiendo el suelo frente a la erosión y mejorando el microclima.
- La estructura resultante es mixta en edad y tamaño, aunque con predominio de ejemplares jóvenes en evolución.
- Permite una extracción escalonada de productos forestales, lo que facilita la planificación a medio y largo plazo.

Las ventajas son:

- Reducción del impacto ambiental, ya que se evita la apertura de grandes claros y la alteración drástica del hábitat forestal.

- Favorecimiento de la regeneración natural, especialmente en especies heliófilas (que requieren luz) pero con cierta tolerancia a la sombra.
- Mejor adaptación del bosque al cambio climático, al mantener una mayor diversidad estructural y genotípica.
- Conservación paisajística y estética, lo cual puede ser relevante en zonas con usos recreativos o turísticos.

Por su parte, los inconvenientes son:

- Mayor complejidad técnica, al requerir una planificación detallada y evaluaciones frecuentes del estado del bosque.
- Rentabilidad económica limitada a corto plazo, ya que los volúmenes de madera extraídos en cada intervención son menores.
- Riesgo de competencia excesiva entre regenerado y arbolado adulto, si no se controla adecuadamente la densidad y la distribución de los árboles.

**Anotación**

Este tipo de cortas es especialmente indicado en espacios forestales multifuncionales, donde se prioriza tanto la producción maderera como la función ecológica y social del monte. Es una herramienta compatible con la selvicultura preventiva, al reducir la acumulación de combustibles y mantener la continuidad de la masa forestal.

## 1.2. Cortas semicontinuas. tratamiento del monte alto semirregular

Las cortas semicontinuas constituyen un tratamiento selvícola que se aplica en masas forestales de estructura semirregular, es decir, en bosques donde conviven árboles de distintas edades y tamaños, pero con cierta tendencia a la homogeneidad en el tiempo. Este tipo de tratamiento busca equilibrar la renovación progresiva del bosque con una cobertura vegetal suficientemente constante.

Se basa en intervenciones periódicas que actúan por grupos de pies o rodales, promoviendo la regeneración natural en etapas, y adaptándose a la estructura heterogénea del monte alto semirregular.

*Fig. 3. Las cortas semicontinuas permiten extraer árboles por grupos o rodales dejando parte del arbolado en pie, lo que facilita la regeneración natural progresiva y mantiene la cobertura forestal durante el proceso*

Entre las características fundamentales de las cortas semicontinuas se encuentran:

- Se actúa sobre grupos de árboles, en lugar de ejemplares aislados, pero sin llegar a abrir grandes superficies.
- Se conserva una cobertura parcial del dosel arbóreo, lo que permite un mayor control sobre el desarrollo del regenerado.
- La intervención se repite cíclicamente, con turnos de corta ajustados al ritmo de crecimiento y regeneración.
- El objetivo es regularizar progresivamente el monte, acercándolo a una estructura más estable o productiva.

Sus ventajas son:

- Facilita la regeneración natural de forma controlada, permitiendo la entrada de luz y reduciendo la competencia entre plantas jóvenes y adultas.

- Permite una mejor planificación de las cortas y del aprovechamiento maderero, al intervenir por unidades más definidas.
- Mejora la estructura del bosque, al dirigir la evolución del monte hacia una configuración deseada sin eliminar totalmente su cobertura protectora.

Con respecto a sus inconvenientes:

- Requiere un análisis previo detallado de la estructura forestal, para aplicar las cortas de manera coherente y eficiente.
- Genera áreas parcialmente abiertas, lo que puede favorecer la aparición de especies invasoras o degradación localizada del suelo si no se gestiona correctamente.
- El riesgo de competencia entre regenerado y arbolado remanente sigue presente, especialmente si no se ajusta el tamaño y forma de los grupos intervenidos.

En un monte mixto de pino y roble, con árboles de edades diversas, se decide aplicar una corta semicontinua eliminando grupos de 5 a 10 árboles en zonas con regenerado incipiente. Así, se favorece el crecimiento de las nuevas generaciones sin comprometer la estabilidad del bosque.

## 1.3. Cortas discontinuas

Las **cortas discontinuas** representan un tratamiento selvícola más agresivo y de mayor impacto, ya que consisten en intervenciones a intervalos largos y con apertura de grandes superficies dentro de la masa forestal. Este tipo de corta suele aplicarse en montes regulares, cuando se busca una regeneración amplia y homogénea, generalmente de tipo artificial o intensiva.

*Fig. 4. Dentro de las cortas discontinuas, la corta individual selectiva permite una gestión más cuidadosa del monte, al extraer solo los árboles necesarios para mejorar la estructura y sanidad de la masa*

Se conoce también como corta a hecho o corta rasa, cuando se elimina toda la masa de una sola vez. Sin embargo, existen variantes menos drásticas, como la corta en fajas o en bloques, que permiten una regeneración más controlada.

Las cortas discontinuas se identifican por las siguientes particularidades:

- La eliminación de árboles se realiza sobre superficies extensas, en una única intervención o en fases muy espaciadas.
- Suelen estar asociadas a sistemas de regeneración artificial, como plantaciones o resiembras.
- Generan claros amplios en el bosque, lo que puede producir cambios significativos en el microclima y la dinámica del suelo.
- Se requiere una planificación previa de la regeneración, especialmente en terrenos con pendiente o erosión potencial.

Tienen ventajas como:

- Alta eficiencia en la producción de madera, al permitir el aprovechamiento completo de una superficie en una sola operación.
- Facilita la mecanización de las labores de corta y posterior regeneración.
- Permite la reestructuración completa del bosque, útil en masas degradadas o envejecidas que requieren renovación urgente.

No obstante, tienen algunos inconvenientes:

- **Gran impacto ecológico y visual**, especialmente si no se acompaña de medidas compensatorias como reforestación o creación de corredores ecológicos.
- **Aumenta el riesgo de erosión del suelo**, pérdida de biodiversidad y proliferación de especies colonizadoras oportunistas.
- **La regeneración natural puede fallar**, especialmente en especies poco competitivas, por lo que suele ser necesario recurrir a plantaciones.

**Anotación**

Las cortas discontinuas deben utilizarse con criterios técnicos rigurosos y siempre en función de los objetivos de gestión. Su aplicación inadecuada puede transformar un ecosistema estable en una zona degradada, con dificultades para recuperar su equilibrio original.

A continuación, se presenta una tabla que resume las principales características, ventajas e inconvenientes de los tres tipos de **tratamientos generales** aplicados en selvicultura:

| Tipo de tratamiento | Características principales | Ventajas | Inconvenientes |
|---|---|---|---|
| **Cortas continuas** | Intervención individual o en pequeños grupos de árboles. Renovación progresiva. | Conservación del dosel, regeneración natural, bajo impacto ambiental. | Proceso lento, menor rentabilidad inmediata, alta necesidad de seguimiento. |
| **Cortas semicontinuas** | Actuación por grupos de pies. Renovación escalonada. Adaptado al monte alto semirregular. | Mejora del desarrollo del regenerado, planificación por fases, estructura estable. | Requiere planificación precisa, puede generar claros irregulares. |
| **Cortas discontinuas** | Corta de grandes superficies. Regeneración artificial o intensiva. | Alta eficiencia productiva, mecanización fácil, renovación total del rodal. | Gran impacto ecológico, riesgo de erosión, pérdida de biodiversidad. |

## 2. Tratamientos parciales

Los **tratamientos parciales** son intervenciones localizadas dentro de una masa forestal, orientadas a mejorar la calidad, estructura y vitalidad de los árboles sin afectar sustancialmente al conjunto del rodal. A diferencia de los tratamientos generales, no buscan la regeneración completa de la masa, sino que actúan sobre aspectos concretos del desarrollo del bosque en etapas juveniles, intermedias o productivas.

*Fig. 5. Los tratamientos parciales son fundamentales para dirigir el crecimiento de la vegetación hacia los objetivos selvícolas deseados (madereros, protectores, paisajísticos o mixtos) y suelen aplicarse de forma escalonada durante el ciclo de vida del bosque*

Los principales tipos de tratamientos parciales son las limpias, los clareos, las claras y las podas, que se abordarán en los próximos epígrafes.

### 2.1. Limpias

Las **limpias** son el primer tratamiento parcial que se realiza en una masa forestal joven, generalmente durante la fase de regenerado o repoblado. Consisten en la eliminación de vegetación competidora (herbácea, arbustiva o arbórea) que impide el desarrollo adecuado de los pies deseados.

Este tratamiento se orienta a favorecer el establecimiento y crecimiento de las especies objetivo, asegurando que dispongan del espacio, luz y nutrientes necesarios para su evolución.

Algunas de sus características principales son:

- Se realiza en rodales jóvenes, cuando los árboles aún no han alcanzado una diferenciación clara en altura o grosor.
- Se eliminan individuos mal conformados, enfermos o dominados que dificultan el desarrollo de los ejemplares seleccionados.
- También puede incluir la eliminación de lianas, brotes múltiples o especies invasoras.

*Fig. 6. Las lianas son elementos naturales del ecosistema forestal, pero en determinados contextos, especialmente en selvicultura tropical o en tratamientos de mejora, pueden volverse problemáticas*

Permiten distintos aspectos:

- Reducción de la competencia por recursos hídricos, lumínicos y nutritivos entre plantas.
- Mejora del vigor y la rectitud de los árboles seleccionados, al reducir interferencias en su crecimiento.
- Disminución del riesgo de enfermedades o plagas, al eliminar focos de debilitamiento vegetal.

Los inconvenientes son:

- Riesgo de eliminación excesiva, que puede dejar el suelo expuesto y alterar el microclima del regenerado.
- Requiere un criterio técnico claro para no suprimir especies acompañantes beneficiosas o protectoras.
- En algunas zonas, puede generar rebrotes agresivos si no se actúa adecuadamente sobre raíces o cepas.

En una repoblación con pino laricio, se observan matorrales de brezo que impiden el crecimiento vertical de los plantones. Se procede a una limpia manual, eliminando el matorral alrededor de cada pie joven en una franja de un metro de diámetro.

## 2.2. Clareos

Los **clareos** son tratamientos que se aplican cuando el bosque ha superado su fase inicial de establecimiento y comienza a mostrar una **alta densidad de pies**, lo que limita el desarrollo en grosor y vigor de los árboles dominantes.

*Fig. 7. El clareado consiste en eliminar árboles jóvenes o en crecimiento que presentan poco futuro selvícola, para favorecer el desarrollo de los individuos mejor conformados*

A diferencia de las limpias, los clareos se realizan sobre masas más desarrolladas, en las que ya se ha producido una cierta diferenciación en dominancia.

Algunas de sus características son:

- Actúan sobre masas jóvenes densas, normalmente entre los 5 y 20 años de edad según especie y condiciones del lugar.
- Se eliminan árboles mal conformados, torcidos, enfermos o en competencia directa con ejemplares dominantes.
- No se pretende obtener productos maderables aprovechables, sino mejorar la calidad futura del bosque.

Como ventajas, destacan:

- Favorecen el crecimiento en diámetro de los árboles seleccionados, al reducir la competencia lateral.
- Permiten dirigir la estructura del bosque hacia un modelo más productivo o estable.
- Reducen la carga de combustible vegetal, contribuyendo a la prevención de incendios forestales.

No obstante, tienen algunos inconvenientes como los siguientes:

- Difícil de ejecutar sin experiencia técnica, ya que puede eliminar árboles con potencial si no se elige adecuadamente.
- No generan un rendimiento económico inmediato, ya que la madera eliminada suele carecer de valor comercial.
- Si se realiza tarde o de forma muy intensa, puede desestabilizar el equilibrio entre los pies remanentes.

**Anotación**

Los clareos deben ser programados como parte de una cadena de tratamientos sucesivos, ya que suelen repetirse varias veces a lo largo de la vida útil de una masa forestal. Se considera una herramienta clave para transformar un bosque denso e irregular en una estructura más manejable y productiva.

## 2.3. Claras

Las **claras** son tratamientos selvícolas que se aplican en masas forestales ya establecidas y con cierta madurez, con el objetivo de seleccionar los mejores árboles en crecimiento y eliminar aquellos que los perjudican. A diferencia de los clareos, las claras se realizan en fases más avanzadas del desarrollo del bosque, cuando los árboles comienzan a competir por luz, agua y nutrientes en una etapa de diferenciación estructural clara.

Su finalidad principal es favorecer el crecimiento en diámetro y calidad de los pies seleccionados, mejorando tanto su valor económico como su estabilidad frente a agentes externos.

Como características principales, destacan:

- Se realizan sobre rodales de edad intermedia o avanzada, en los que los árboles ya han alcanzado alturas importantes.
- Se eliminan árboles dominados, codominantes o mal conformados que compiten con los individuos de mejor calidad.

*Fig. 8. La elección de los pies a eliminar se hace atendiendo a criterios de sanidad, rectitud, potencial productivo y especie*

Tienen las siguientes ventajas:

- Impulsan el crecimiento en grosor y copa de los árboles seleccionados, lo que incrementa su valor maderero.
- Mejoran la sanidad del bosque, al eliminar ejemplares enfermos o debilitados.
- Aumentan la estabilidad estructural del rodal, reduciendo la competencia excesiva y el riesgo de caída por viento o nieve.

No obstante, también hay que destacar algunos aspectos a considerar:

- Requieren una evaluación detallada de cada pie, lo que incrementa el tiempo y el coste del tratamiento.
- Pueden producir desequilibrios espaciales si se eliminan demasiados árboles cercanos, dejando huecos excesivos.
- Aumentan la exposición de los pies remanentes, que pueden sufrir daños por insolación o viento si no se planifica correctamente la intensidad de la clara.

En una masa de pino silvestre de 25 años, con árboles de buena rectitud, pero alta densidad, se realiza una clara eliminando árboles torcidos o bifurcados que interfieren con los dominantes seleccionados para la producción futura de madera de sierra.

## 2.4. Podas

Las **podas** son tratamientos que consisten en la eliminación selectiva de ramas de los árboles, con el objetivo de mejorar la calidad de la madera, reducir el riesgo de incendios o facilitar el acceso a la masa forestal.

*Fig. 9. La poda es un tratamiento técnico que requiere criterios específicos según la especie, el uso final de la madera y la edad del árbol*

La poda puede ser **natural** (por sombreado y competencia) o **artificial**, cuando se realiza manual o mecánicamente con herramientas adecuadas.

Se caracterizan por lo siguiente:

- Se lleva a cabo en árboles jóvenes o de crecimiento intermedio, cuando aún es posible intervenir sin comprometer su vitalidad.
- Se eliminan ramas secas, bajas, mal orientadas o con riesgo de plaga.
- La poda puede realizarse en una o varias etapas, con altura variable según el objetivo: madera sin nudos, limpieza de base o prevención de incendios.

Las ventajas de las podas son:

- Incrementa el valor comercial de la madera, al evitar la formación de nudos y obtener fustes limpios.
- Reduce la continuidad vertical del combustible, lo que disminuye el riesgo de propagación de incendios.
- Facilita el tránsito por el monte, especialmente en masas destinadas a usos recreativos o de acceso técnico.

Por su parte, tienen algunos inconvenientes como:

- **Riesgo de infecciones o plagas**, si no se respetan las técnicas adecuadas de corte y las épocas del año más seguras.
- **Puede afectar al crecimiento del árbol**, si se eliminan demasiadas ramas verdes o si se actúa sobre ejemplares debilitados.
- **Requiere mano de obra especializada**, lo que puede aumentar los costes del tratamiento.

**Anotación**

La poda racional y oportuna es una inversión que mejora significativamente la calidad futura de la masa forestal, pero solo debe aplicarse cuando exista una planificación clara del destino del producto forestal. En especies como el pino radiata o el abeto, se considera imprescindible para la obtención de madera de alta calidad.

La siguiente tabla resume los aspectos esenciales de los **tratamientos parciales**, los cuales se centran en mejorar la calidad y desarrollo de la masa forestal sin modificar su estructura completa:

| Tipo de tratamiento | Características principales | Ventajas | Inconvenientes |
|---|---|---|---|
| **Limpias** | Eliminación de vegetación competidora en fases tempranas. | Reduce competencia, mejora vigor, favorece la sanidad del regenerado. | Riesgo de exposición del suelo, rebrotes no deseados, necesidad de criterio técnico. |
| **Clareos** | Eliminación de árboles jóvenes sin futuro selvícola. Mejora de los dominantes. | Aumenta el crecimiento en diámetro, estructura dirigida, reducción de combustible vegetal. | Difícil ejecución sin experiencia, bajo valor económico de los restos. |
| **Claras** | Eliminación de pies que interfieren con árboles seleccionados en masas más desarrolladas. | Mejora del valor de los pies dominantes, estabilidad estructural, sanidad del bosque. | Puede desestabilizar el rodal si se aplica mal, requiere evaluación individual. |
| **Podas** | Corte selectivo de ramas para mejorar calidad o reducir combustibilidad. | Mayor valor maderero, prevención de incendios, mejora del acceso al monte. | Riesgo de infecciones, necesidad de formación técnica, coste elevado. |

A continuación, se expone un caso práctico resuelto, para poner en práctica lo aprendido sobre los tratamientos parciales: "Gestión selvícola en un monte joven de repoblación".

En la comarca de la Sierra de Alcaraz (Albacete), una empresa forestal ha sido contratada por el Ayuntamiento de un pequeño municipio para realizar un conjunto de tratamientos selvícolas en un monte público repoblado hace 18 años con Pinus nigra (pino laricio), como parte de un proyecto de restauración ecológica tras un incendio ocurrido en los años 90.

El objetivo actual es reconducir la estructura de la masa hacia un modelo más productivo, estable y resistente a incendios, priorizando la conservación del suelo, la mejora de la calidad de los pies seleccionados y la reducción del riesgo de propagación del fuego. La empresa cuenta con medios mecánicos limitados, por lo que se optará por una combinación de técnicas manuales y apoyo mecanizado puntual.

En el diagnóstico inicial se encuentra lo siguiente:

- El rodal presenta alta densidad de pies (más de 3.000 por hectárea), con crecimiento desigual y presencia significativa de pies mal conformados, bifurcados o torcidos.
- Se observan restos de matorral mediterráneo (jara, brezo, retama), que compiten con los pies de pino en las zonas con menos cobertura.
- Hay presencia de algunas especies acompañantes como encinas jóvenes, que el equipo técnico propone mantener en zonas concretas para favorecer la diversidad.
- No se han realizado clareos ni claras hasta el momento. Solo se practicó una limpia ligera al quinto año.

Para ello, se realizan las siguientes intervenciones:

- **Segunda limpia localizada (fase preparatoria):** Antes de comenzar los tratamientos estructurales, se lleva a cabo una limpia manual selectiva para eliminar la vegetación arbustiva que impide el acceso visual y físico a los pies a intervenir. Se actúa con desbrozadoras portátiles, delimitando círculos de 1,5 metros de diámetro en torno a los pies mejor desarrollados.

  El resultado esperado es facilitar la identificación de pies de futuro y reducir la competencia lumínica de matorral espeso en las zonas más densas.

- **Clareo de preselección:** Se procede a un clareo técnico, eliminando pies jóvenes mal conformados, bifurcados o con inclinación pronunciada. La selección se basa en mantener un máximo de 1.200-1.500 pies por hectárea, con especial atención a la distribución espacial y a la diversidad genética.

  El criterio de actuación se basa en eliminar principalmente los ejemplares que presentan señales de enfermedad, hongos basales o lesiones por fauna salvaje.

  Se utiliza una motosierra ligera y herramienta manual para los pies menores de 8 cm de diámetro.

- **Clara en zonas con dominancia clara:** En los rodales donde el crecimiento vertical ya ha generado dominancias marcadas, se realiza una clara dirigida, eliminando pies codominantes que interfieren lateralmente con árboles rectos, vigorosos y sanos. Se presta atención a los bordes de caminos y cortafuegos, donde los pies seleccionados podrían tener mayor riesgo de exposición al viento tras la intervención.

  El resultado esperado se basa en impulsar el crecimiento en diámetro de los pies dominantes, favorecer la formación de copas amplias y robustas, y garantizar estabilidad mecánica a medio plazo.

- **Poda baja de los pies seleccionados:** Una vez definidos los pies de futuro, se realiza una poda selectiva hasta 2,5 metros de altura, eliminando ramas secas y algunas verdes de la base para favorecer la formación de fustes rectos sin nudos. Esta poda se realiza manualmente con pértigas y tijeras telescópicas.

  No se eliminan más del 30 % de la masa foliar total, y se evita la poda en días de alta humedad para prevenir la entrada de hongos por las heridas.

- **Gestión de residuos:** Los restos finos de podas y clareos se trituraron in situ con una trituradora manual acoplada a un tractor ligero, y se dejaron como acolchado protector en los puntos con mayor exposición solar. Los troncos de mayor diámetro se apilaron en zonas accesibles para su extracción como biomasa forestal. No se recurrió a la quema por encontrarse en una zona de riesgo alto y por normativa municipal restrictiva.

Tras tres semanas de trabajo y la intervención en unas 10 hectáreas, se observan los siguientes efectos:

- La masa forestal presenta una estructura más clara y aireada, con pies mejor distribuidos y menos competencia lateral.
- La eliminación del matorral ha facilitado el acceso para futuros tratamientos y ha reducido el riesgo de ignición.

- Los árboles dominantes seleccionados han conservado su vigor y se ha observado un mayor desarrollo de brotes apicales en los meses posteriores a la poda.

## 3. Mecanización para la selvicultura preventiva

La **mecanización** en los trabajos forestales es una herramienta clave para mejorar la eficiencia, seguridad y sostenibilidad de las labores selvícolas. En el contexto de la selvicultura preventiva, su función se orienta tanto al aumento de la productividad, como a la reducción del riesgo de incendios forestales y otros daños ecológicos, mediante una gestión activa del combustible vegetal, la apertura de fajas auxiliares, la ejecución de cortas o podas con menor impacto físico, y la intervención rápida en grandes superficies.

En la actualidad, la mecanización abarca desde pequeñas herramientas manuales motorizadas hasta equipos pesados multifunción, cuya elección depende del tipo de actuación, la orografía del terreno, la densidad de la masa y los objetivos técnicos definidos en el plan selvícola.

La maquinaria empleada puede clasificarse según la función que desempeña en el monte:

- **Desbrozadoras y trituradoras**: utilizadas para eliminar matorral, vegetación baja o restos de corta que actúan como combustible fino.

*Fig. 10. Las desbrozadoras pueden ser manuales (moto-desbrozadoras), autopropulsadas o acopladas a tractores*

- **Tractores forestales con implementos**: equipados con gradas, cadenas, cuchillas o rodillos para realizar limpiezas de superficie, roturación ligera y preparación de fajas auxiliares.

- **Autocargadores y procesadoras**: diseñados para cortar, desramar y trocear árboles, y transportar los restos sin generar acumulaciones peligrosas. Se emplean especialmente en cortas claras o en tratamientos intensivos.

- **Astilladoras**: convierten los residuos forestales en astillas para biomasa, reduciendo el volumen y el riesgo de incendio, al tiempo que se valorizan energéticamente.

*Fig. 11. Las astilladoras se emplean especialmente tras tratamientos de limpieza, clareo o desbroce*

- **Equipos de poda mecanizada**: como pértigas motorizadas, plataformas elevadoras o incluso drones en fases experimentales para diagnóstico o supervisión remota.

- **Zanjas o ahoyadores mecánicos**: en zonas con alto riesgo de escorrentía o necesidad de canalizar agua para prevenir erosión y sequía.

*Fig. 12. Los ahoyadores mecánicos permiten agilizar la apertura de hoyos en labores de plantación forestal, ganando en rapidez, precisión y uniformidad frente al trabajo manual*

La mecanización permite:

- Aumento de la eficacia y rapidez en tratamientos como podas, limpias o desbroces, especialmente en grandes superficies o zonas de difícil acceso.
- Reducción de la exposición del personal a riesgos físicos, como caídas, fatiga o cortes, al sustituir tareas manuales por procesos mecanizados.
- Mejora en la gestión de residuos vegetales, ya que permiten triturar, astillar o evacuar los restos de forma ordenada.
- Mayor precisión y control técnico, gracias a sistemas de guiado, telemetría o integración con planes digitales de actuación.

**Anotación**

La mecanización no sustituye a la planificación técnica: es una herramienta al servicio del proyecto selvícola, que debe aplicarse con criterios de sostenibilidad, seguridad laboral y eficiencia. Un uso descoordinado o abusivo puede anular los beneficios de la selvicultura preventiva, o incluso generar nuevos desequilibrios.

No obstante, deben considerarse algunos aspectos:

- Elevado coste de adquisición y mantenimiento de algunos equipos, especialmente los más tecnificados o de uso puntual.
- Impacto sobre el suelo forestal, como compactación o pérdida de cobertura, si no se utilizan con criterios adecuados o en momentos climáticos desfavorables.
- Necesidad de formación especializada, tanto en el manejo seguro como en el mantenimiento preventivo de las máquinas.
- Limitaciones en terrenos muy escarpados o con vegetación excesivamente densa, donde puede ser necesaria la combinación con técnicas manuales.

En una zona de interfaz urbano-forestal con alto riesgo de incendio, se emplea una trituradora de martillos acoplada a un tractor forestal para desbrozar una faja de 10 metros alrededor de una urbanización. Los restos triturados se redistribuyen como acolchado, reduciendo la inflamabilidad y mejorando la retención de humedad del suelo.

## 4. Eliminación

Dentro de la selvicultura preventiva, el concepto de **eliminación** hace referencia al tratamiento de los residuos generados tras las intervenciones forestales, como podas, clareos, limpias, claras o cortas en general.

*Fig. 13. Los residuos, compuestos por ramas, troncos, hojas, restos de matorral o árboles enteros, constituyen una acumulación de biomasa inflamable que puede aumentar significativamente el riesgo de incendios forestales si no se gestiona correctamente*

La eliminación puede realizarse mediante distintos métodos, cuya elección depende del tipo y cantidad de residuo, la accesibilidad del terreno, la normativa vigente y los objetivos de gestión. Es un proceso que debe integrarse desde la planificación del tratamiento selvícola, evitando dejar restos acumulados sin tratamiento durante largos periodos.

Los tipos principales de eliminación de residuos forestales son los siguientes:

- **Eliminación mecánica**: Consiste en la recogida y extracción física de los restos hacia puntos de acopio, transformación o vertido autorizado. Puede implicar el uso de maquinaria como autocargadores, ganchos forestales, trituradoras móviles o camiones. Es habitual en zonas con aprovechamiento energético (biomasa).

- **Trituración o astillado in situ**: Mediante máquinas como trituradoras de martillos o astilladoras de disco, los restos vegetales se reducen en tamaño y se reincorporan al suelo como acolchado o enmienda orgánica, mejorando la estructura del terreno y disminuyendo la inflamabilidad.

- **Apilado controlado**: Se agrupan los restos en montones dispuestos estratégicamente, fuera de zonas de riesgo y con separación suficiente de la vegetación viva. En algunos casos se dejan para descomposición natural o se utilizan para refugio de fauna.

- **Quema controlada (cuando está permitida)**: La quema de residuos es una práctica tradicional que debe realizarse bajo condiciones meteorológicas, legales y técnicas muy específicas. Actualmente está limitada por razones ambientales y de seguridad. Cuando se aplica, debe contar con autorización administrativa y medidas de control.

- **Entierro o enterramiento**: Método poco habitual y costoso, que consiste en enterrar los restos, especialmente en actuaciones lineales (zanjas de cortafuegos) o en zonas con exigencias sanitarias por presencia de plagas.

*Fig. 14. La correcta eliminación de residuos forestales reduce de forma significativa la carga de combustible vegetal, lo que disminuye el riesgo de propagación rápida de incendios*

Además, mejora el tránsito por el terreno, facilitando tanto las labores posteriores como el acceso de vehículos de emergencia. Cuando se opta por técnicas como el astillado, los restos se convierten en materia orgánica que enriquece el suelo, ayudando a conservar la humedad y a mejorar su estructura. También se contribuye a una mayor limpieza visual del entorno forestal, aspecto especialmente valorado en zonas recreativas, paisajísticas o con presencia turística.

La elección del método de eliminación debe contemplar criterios de prevención de incendios, sostenibilidad ecológica y viabilidad operativa. En muchos casos, se recomienda una combinación de métodos, como triturado parcial, extracción de restos gruesos y apilado de los más finos para descomposición natural.

No obstante, la aplicación de estos métodos puede implicar costes elevados, especialmente en terrenos de difícil acceso o con acumulación abundante de residuos. En algunos casos, se requiere maquinaria especializada o personal cualificado, lo que puede limitar su viabilidad operativa. Si se opta por la quema como método de eliminación, existe un riesgo potencial de descontrol si no se respetan estrictamente las condiciones técnicas y legales establecidas. Por otro lado, la eliminación total de los restos puede afectar negativamente al ecosistema, al reducir microhábitats naturales o suprimir fuentes de nutrientes útiles para la biodiversidad local.

Tras un clareado en un bosque mixto mediterráneo, se acumulan los restos de poda y ramas en cordones lineales perpendiculares a la pendiente y se trituran parcialmente. Los troncos de mayor diámetro se extraen para biomasa. Se evita la quema al encontrarse en zona de alto riesgo y se protege el suelo con el material triturado.

# Resumen

Los tratamientos selvícolas son un conjunto de intervenciones técnicas aplicadas en el monte con el fin de orientar el desarrollo de las masas forestales hacia objetivos definidos: productivos, ecológicos o preventivos. Estos tratamientos se ejecutan en distintos momentos del ciclo vital del bosque, modificando su estructura, densidad, composición o distribución espacial para mejorar su calidad, su resistencia frente a perturbaciones (como incendios o plagas) y su aprovechamiento sostenible.

Existen dos grandes grupos de tratamientos: los generales, que afectan a la regeneración y estructura global del bosque, y los parciales, que se centran en la mejora de pies individuales o grupos concretos dentro de la masa. Dentro de los tratamientos generales, destacan las cortas continuas, que eliminan árboles de forma progresiva y mantienen siempre cubierta arbórea; las cortas semicontinuas, propias del monte alto semirregular, donde se eliminan grupos de pies con una frecuencia programada; y las cortas discontinuas, más intensivas, que eliminan superficies amplias en una o varias fases, con regeneración posterior.

Los tratamientos parciales se aplican durante las etapas de crecimiento del bosque, actuando sobre la competencia entre individuos y orientando la evolución de la masa. Las limpias se realizan en fases juveniles para eliminar vegetación competidora que impide el desarrollo de los árboles deseados. Los clareos consisten en la supresión de árboles jóvenes poco prometedores, favoreciendo el desarrollo en diámetro de los ejemplares dominantes. Posteriormente, las claras eliminan árboles en edad intermedia que compiten con los seleccionados, buscando mejorar su calidad y estabilidad. Por último, las podas retiran ramas vivas o secas para obtener fustes limpios, reducir el riesgo de incendios y facilitar el tránsito.

La mecanización forestal ha adquirido un papel central en la selvicultura preventiva, ya que permite aumentar la eficacia, la seguridad y el control en la ejecución de estos tratamientos. Entre los equipos más utilizados destacan las desbrozadoras, trituradoras, astilladoras, procesadoras y tractores con implementos forestales. Su aplicación racional permite gestionar amplias superficies en menos tiempo y reducir significativamente la carga de combustible vegetal, clave para la prevención de incendios.

Finalmente, la eliminación de residuos es una fase fundamental tras los tratamientos. Los restos de vegetación, si no se tratan adecuadamente, pueden convertirse en material inflamable que multiplica el riesgo de incendios. Los métodos más empleados son la trituración, el apilado controlado, la extracción mecánica, el enterramiento o, en casos concretos y regulados, la quema controlada. La selección del método debe tener en cuenta factores técnicos, ambientales, económicos y legales, integrándose desde la planificación del tratamiento.

# Glosario

**Astilladora**

Equipo que transforma residuos forestales en astillas aprovechables como biomasa, contribuyendo a la valorización energética del monte.

**Clara**

Intervención realizada en masas más maduras, con el objetivo de mejorar el crecimiento y valor comercial de los árboles seleccionados, mediante la eliminación de competidores directos.

**Clareo**

Tratamiento que elimina árboles jóvenes mal conformados o poco prometedores para reducir la competencia y permitir el desarrollo de los mejores ejemplares.

**Corta continua**

Tipo de corta que se realiza de forma progresiva y regular, actuando sobre árboles individuales o pequeños grupos. Permite mantener una cubierta forestal constante y facilita la regeneración natural.

**Corta discontinua**

Corta intensiva que se aplica de forma puntual y espaciada en grandes superficies. Suele implicar la eliminación completa de la masa en áreas determinadas, con regeneración artificial o natural posterior.

**Corta semicontinua**

Tratamiento característico del monte alto semirregular, donde se eliminan grupos de árboles en ciclos programados. Favorece la regeneración escalonada y la mejora estructural del bosque.

**Corta**

Acción de talar árboles, ya sea de forma total o parcial, con distintos fines como la regeneración, la mejora de la masa o la reducción del riesgo de incendios.

**Desbroce**

Eliminación de vegetación herbácea o arbustiva que compite con el arbolado o representa un riesgo en la propagación del fuego.

**Eliminación de residuos**

Conjunto de acciones orientadas a reducir, transformar o retirar los restos de vegetación tras las intervenciones. Puede incluir trituración, extracción, apilado o quema controlada.

**Limpia**

Eliminación de vegetación no deseada (competidora) durante las primeras fases del desarrollo del bosque. Permite asegurar el crecimiento de los árboles seleccionados.

**Mecanización forestal**

Uso de maquinaria especializada para realizar trabajos selvícolas de forma más eficiente y segura. Incluye desde desbrozadoras hasta procesadoras multifunción.

**Poda**

Corte de ramas (vivas o secas) con fines productivos, preventivos o funcionales. Se emplea para mejorar la calidad de la madera, reducir la continuidad vertical del combustible o facilitar el acceso.

**Residuo forestal**

Restos vegetales generados tras los tratamientos selvícolas, como ramas, hojas o troncos. Pueden representar un riesgo si no se eliminan o gestionan adecuadamente.

**Selvicultura preventiva**

Estrategia de gestión forestal que aplica tratamientos orientados a reducir el riesgo de incendios, plagas u otras perturbaciones, manteniendo la salud y funcionalidad del ecosistema forestal.

**Tratamientos selvícolas**

Conjunto de actuaciones técnicas aplicadas sobre una masa forestal para mejorar su estructura, composición, estado sanitario y funcionalidad. Pueden tener objetivos productivos, conservacionistas o preventivos.

**Trituradora forestal**

Máquina que desmenuza restos vegetales (ramas, matorral, etc.), reduciendo su volumen y facilitando su eliminación o incorporación al suelo.

# Ejercicios de autoevaluación

1. **¿Qué caracteriza a las cortas continuas en selvicultura?**

    a. Eliminación total de la masa en una sola intervención.
    b. Sustitución completa de la masa forestal por plantación.
    c. Extracción progresiva de árboles individuales o en pequeños grupos.
    d. Uso exclusivo de maquinaria pesada en zonas de alta densidad.

2. **Las cortas semicontinuas se aplican principalmente en:**

    a. Montes bajos regulares.
    b. Montes altos semirregulares.
    c. Zonas agrícolas abandonadas.
    d. Áreas de corta a hecho.

3. **¿Cuál de los siguientes no es un tratamiento general?**

    a. Cortas discontinuas.
    b. Podas.
    c. Cortas semicontinuas.
    d. Cortas continuas.

4. **¿Qué tipo de corta implica intervenciones puntuales, espaciadas y con eliminación de grandes superficies?**

    a. Cortas discontinuas.
    b. Claras.
    c. Clareos.
    d. Cortas continuas.

**5. ¿Qué tratamiento se realiza al inicio del desarrollo del bosque para reducir la competencia del regenerado?**

a. Claras.
b. Limpias.
c. Clareos.
d. Podas.

**6. Los clareos tienen como objetivo principal:**

a. Extraer madera aprovechable.
b. Favorecer el crecimiento en diámetro de los mejores pies.
c. Aumentar la biodiversidad del matorral.
d. Suprimir especies invasoras exclusivamente.

**7. ¿Cuál de estas opciones describe una ventaja de las claras?**

a. Eliminan por completo el riesgo de incendio.
b. No requieren planificación previa.
c. Mejoran el crecimiento en diámetro y copa de los árboles seleccionados.
d. Se aplican sin necesidad de formación técnica.

**8. Las podas se realizan principalmente para:**

a. Facilitar la regeneración natural.
b. Mejorar la calidad de la madera y reducir la continuidad vertical del combustible.
c. Eliminar especies exóticas.
d. Crear claros para nuevas plantaciones.

**9. ¿Qué tratamiento se realiza en masas jóvenes con alta densidad para eliminar pies mal conformados?**

a. Claras.
b. Clareos.
c. Podas.
d. Cortas semicontinuas.

**10. ¿Qué herramienta no corresponde a un medio mecánico de eliminación de residuos forestales?**

a. Astilladora.
b. Trituradora de martillos.
c. Tractor forestal.
d. Sierra de mano.

# U. A. 3. Planes de prevención

## Introducción

En un contexto de creciente riesgo de incendios forestales debido al cambio climático, la presión antrópica y el abandono de usos tradicionales del monte, los planes de prevención constituyen uno de los pilares fundamentales de la selvicultura moderna. Esta unidad profundiza en la planificación preventiva como herramienta para reducir la vulnerabilidad del territorio forestal frente a incendios, así como en los diferentes niveles administrativos que intervienen en esta labor: nacional, regional y local.

La prevención eficaz requiere una adecuada planificación territorial, basada en el conocimiento del ecosistema, la caracterización del combustible, la identificación de zonas de riesgo y la implementación de medidas estructurales y culturales que reduzcan el impacto del fuego. Los planes de prevención no solo deben contemplar la preparación técnica, sino también la participación social, la coordinación interinstitucional y la educación ambiental como elementos clave para su éxito.

## Objetivos

- Comprender el papel de los planes de prevención en la selvicultura preventiva.
- Identificar las características y competencias de los planes de prevención de incendios forestales en sus distintos niveles: nacional, regional y local.
- Interpretar los elementos clave que deben integrar un plan de prevención eficaz.
- Valorar la planificación territorial como herramienta para mitigar riesgos y conservar el equilibrio ecológico de los montes.

# 1. Introducción

La prevención de incendios forestales es una de las prioridades estratégicas en la gestión selvícola contemporánea, especialmente en países mediterráneos como España, donde las condiciones climáticas, el abandono rural y la acumulación de biomasa favorecen la propagación rápida y descontrolada del fuego.

*Fig. 1. Los planes de prevención representan un conjunto estructurado de medidas planificadas y sistemáticas destinadas a reducir las probabilidades de inicio y propagación de incendios en los montes*

Estos planes forman parte esencial de la **selvicultura preventiva**, una disciplina que trasciende el enfoque reactivo del combate contra incendios, apostando por la intervención anticipada en la estructura y el uso del territorio forestal. Se trata, por tanto, de establecer medidas permanentes o recurrentes que mitiguen el riesgo de incendio, mediante actuaciones tanto silvícolas (clareos, podas, fajas auxiliares, eliminación de combustible...) como territoriales y administrativas (zonificación del riesgo, planes comarcales, coordinación entre organismos...).

**Anotación**

La prevención no elimina por completo los incendios, pero reduce su frecuencia, gravedad y coste. Invertir en prevención es más eficaz y económico que actuar solo mediante extinción.

En los planes de prevención convergen múltiples disciplinas y actores: técnicos forestales, agentes medioambientales, protección civil, municipios, voluntariado, etc. Por ello, deben contemplar tanto los aspectos ecológicos y técnicos (tipos de vegetación, pendiente, acceso, climatología, etc.), como las condiciones sociales y económicas del entorno rural.

Un plan de prevención bien diseñado debe cumplir las siguientes funciones básicas:

- Reducir la carga de combustible vegetal acumulado.
- Facilitar las labores de extinción, mejorando los accesos y la visibilidad.
- Proteger infraestructuras, viviendas e instalaciones críticas.
- Preservar la biodiversidad y los usos sostenibles del monte.
- Educar y concienciar a la población local sobre los riesgos y su papel en la prevención.

Un plan de prevención de incendios en una comarca del interior peninsular puede incluir: la creación de fajas auxiliares en los bordes de urbanizaciones forestales, la gestión del matorral mediante pastoreo controlado, la señalización de puntos de agua para extinción, y campañas escolares de sensibilización durante el invierno.

Así, el éxito de los planes de prevención no depende solo de su redacción técnica, sino también de su implementación operativa, su actualización periódica y el compromiso social que logren generar.

## 2. Planes de prevención de incendios forestales

La planificación para la prevención de incendios forestales se estructura en diferentes niveles administrativos: nacional, autonómico y local, siendo todos ellos complementarios. Aunque la gestión directa del monte recae principalmente en las comunidades autónomas, el Estado desempeña un papel clave en la coordinación general, el apoyo técnico y económico, y la elaboración de estrategias marco que orientan las políticas preventivas en todo el territorio.

## 2.1. Planes de prevención a nivel nacional

En el ámbito nacional, la planificación de la prevención de incendios forestales se articula principalmente a través de:

- **La Estrategia Nacional de Gestión Forestal Sostenible**, que incluye la prevención de incendios como eje prioritario dentro de la política forestal del Estado.
- **El Plan Estatal de Protección Civil ante Emergencias por Incendios Forestales**, aprobado por el Gobierno y coordinado por el Ministerio del Interior.
- **Los programas del Ministerio para la Transición Ecológica y el Reto Demográfico (MITECO)**, a través de la Dirección General de Biodiversidad, Bosques y Desertificación, que integran acciones preventivas dentro de los planes de conservación de la biodiversidad y lucha contra el cambio climático.

Entre las principales líneas de actuación del nivel nacional se encuentran:

- **Coordinación interterritorial** entre comunidades autónomas, especialmente en zonas limítrofes o de alto riesgo.
- **Apoyo económico a actuaciones preventivas** a través de fondos estatales, como los provenientes del Plan de Recuperación, Transformación y Resiliencia o de la PAC (Política Agraria Común).
- **Impulso a la I+D+i** en materia de selvicultura preventiva, uso del fuego, cartografía de combustibles, teledetección y modelización del comportamiento del fuego.
- **Establecimiento de protocolos comunes** para la gestión del combustible, evaluación de riesgo y respuesta temprana.
- **Promoción de campañas de concienciación** y formación a escala nacional dirigidas tanto a profesionales como a población general.

*Fig. 2. Aunque no todos los incendios pueden evitarse, la planificación estratégica a nivel nacional permite actuar con más rapidez, reducir el número de incendios provocados por negligencias humanas y mitigar los efectos de los incendios más destructivos*

Un ejemplo concreto es el programa BRIF (Brigadas de Refuerzo en Incendios Forestales), dependiente del MITECO, que además de actuar en la extinción, colabora en tareas preventivas durante los meses de menor riesgo, realizando desbroces, quemas prescritas y apertura de fajas auxiliares.

Además, desde el nivel nacional se promueve la elaboración de un Marco Estratégico Nacional de Lucha contra los Incendios Forestales, que sirva de guía para la acción de los distintos actores territoriales, fomentando una visión integral que combina prevención, extinción, restauración y adaptación al cambio climático.

## 2.2. La planificación regional y comarcal

En el contexto de la selvicultura preventiva, las comunidades autónomas tienen la competencia directa en materia forestal y de prevención de incendios, lo que las convierte en las responsables principales de desarrollar, ejecutar y supervisar los planes preventivos dentro de su territorio. Esta planificación se organiza, a su vez, en ámbitos regionales y comarcales, permitiendo una adaptación más específica a las condiciones ecológicas, sociales y económicas de cada zona.

## A. Planificación regional

Cada comunidad autónoma dispone de su propia legislación forestal y de un **Plan autonómico de prevención de incendios forestales**, que articula las principales líneas de actuación.

Estos planes deben estar alineados con la estrategia nacional, pero se adaptan a:

1. El tipo de vegetación predominante.
2. La frecuencia histórica de incendios.
3. El uso del suelo y el grado de abandono rural.
4. Las condiciones climáticas locales.
5. La estructura administrativa y capacidad operativa de cada región.

Los planes regionales suelen incluir:

- Cartografía de riesgo y zonas prioritarias de actuación.
- Normas técnicas para tratamientos selvícolas preventivos.
- Planes de quema controlada autorizada.
- Catálogos de infraestructuras preventivas (pistas, depósitos, cortafuegos).

*Fig. 3. Los planes regionales normalmente incluyen protocolos de coordinación entre servicios de prevención y emergencias*

**Anotación**

Algunas comunidades han integrado la prevención de incendios dentro de políticas más amplias de gestión forestal sostenible y desarrollo rural, fomentando prácticas como el pastoreo extensivo o el aprovechamiento de biomasa.

## B. Planificación comarcal

A un nivel más operativo y territorialmente específico, muchas comunidades estructuran la planificación mediante **planes comarcales o de área**. Estos recogen acciones concretas adaptadas a:

- La topografía local y características del relieve.
- Las masas forestales concretas y sus estructuras de combustibilidad.
- La proximidad de infraestructuras y núcleos urbanos.
- La intervención de propietarios privados y entidades locales.

*Fig. 4. Los planes comarcales permiten una respuesta más eficaz y descentralizada, involucrando a los municipios, agentes forestales, agrupaciones de defensa forestal (ADF), consorcios y otras entidades públicas y privadas*

Suelen contemplar:

- El diseño de redes de áreas cortafuegos y zonas de defensa.
- El establecimiento de áreas de pastoreo preventivo o agricultura de mosaico.

- El desarrollo de talleres de formación y concienciación vecinal.
- La coordinación de recursos humanos y materiales disponibles en la comarca.

En algunas comarcas de Galicia y Cataluña, se han creado asociaciones de propietarios forestales que ejecutan planes conjuntos de prevención, incluyendo mecanización compartida, uso planificado del fuego y gestión colectiva de masas mixtas de eucalipto y pino.

La planificación regional y comarcal actúa como puente entre las estrategias generales y la realidad del terreno, permitiendo ajustar las actuaciones a las particularidades ecológicas y sociales del entorno. Su éxito depende en gran medida de la colaboración interinstitucional, el apoyo técnico y económico, y el compromiso activo de las comunidades rurales.

## 2.3. Prevención local

La prevención local constituye el último eslabón, y no por ello el menos importante, de la cadena de planificación para la defensa contra incendios forestales. A nivel municipal, parroquial o vecinal, la prevención se vuelve más directa, operativa y cercana al territorio, permitiendo actuar de forma inmediata y adaptada a la realidad concreta del entorno.

En este nivel se integran medidas ejecutadas por ayuntamientos, mancomunidades, comunidades de montes, agrupaciones de defensa forestal (ADF) y entidades privadas con competencias o responsabilidad sobre los montes.

Las funciones principales de la prevención local son las siguientes:

- Identificación de zonas de riesgo inmediato, especialmente en la interfaz urbano-forestal.
- Mantenimiento de fajas auxiliares y cortafuegos en caminos rurales, perímetros de urbanizaciones y bordes de cultivos.

- Gestión del combustible vegetal en parcelas abandonadas o de riesgo.
- Participación en planes de emergencia municipal con protocolos claros de actuación en caso de incendio.

*Fig. 5. La prevención local incluye dar información a la población sobre buenas prácticas preventivas (quemas, uso del fuego, maquinaria)*

Ejemplo

Un ayuntamiento puede establecer ordenanzas que obliguen al desbroce anual de parcelas forestales colindantes a viviendas, o prohibir el uso de barbacoas en épocas de riesgo alto.

Los actores clave en el ámbito local son:

- **Ayuntamientos**: pueden aprobar ordenanzas municipales sobre limpieza de parcelas, establecer servicios de vigilancia en épocas de riesgo y cooperar con cuerpos de emergencias.
- **Comunidades de montes** y juntas vecinales: realizan trabajos de limpieza, quemas controladas, pastoreo dirigido y vigilancia del entorno forestal.
- **Agrupaciones de Defensa Forestal (ADF)**: en regiones como Cataluña, estas asociaciones de voluntarios reciben formación y medios para actuar en prevención y primeras intervenciones.
- **Propietarios forestales**: tienen la obligación legal de mantener sus terrenos en condiciones de seguridad, pero también pueden acogerse a ayudas públicas para ejecutar tratamientos preventivos.

La legislación autonómica suele asignar responsabilidades preventivas a los municipios, especialmente en zonas donde las viviendas están próximas al monte. No actuar puede implicar sanciones o responsabilidades civiles en caso de incendio.

Existen algunas herramientas y recursos a nivel local:

- **Planes municipales de emergencia por incendios forestales (PEIF)**: documento obligatorio en muchos municipios con zonas forestales, que establece protocolos, recursos disponibles, puntos de agua, rutas de evacuación, etc.
- **Convenios con las Diputaciones o Comunidades Autónomas** para ejecutar trabajos preventivos con brigadas especializadas.
- **Iniciativas de custodia del territorio**, donde entidades locales colaboran en la gestión activa y responsable de áreas naturales.

Algunas comunidades autónomas ofrecen herramientas digitales para que los ayuntamientos consulten mapas de riesgo, planifiquen cortas preventivas o gestionen quemas autorizadas.

La prevención local no puede entenderse como un esfuerzo aislado, sino como un componente imprescindible del enfoque integral de prevención, cuyo éxito depende de la implicación social, la información, el cumplimiento normativo y el acceso a recursos técnicos y financieros.

*Fig. 6. El fortalecimiento de las capacidades locales es una de las estrategias más eficaces para prevenir incendios y proteger el paisaje forestal*

A continuación, se expone un caso práctico resuelto para poner en práctica lo aprendido sobre los planes de prevención: "El Plan Integral de Prevención en la Comarca de Alto Jarama".

La comarca del Alto Jarama, situada en el nordeste de la Comunidad de Madrid, combina un paisaje de pinares de repoblación, matorral mediterráneo denso y áreas de interfaz urbano-forestal en expansión. Tras sufrir dos incendios de media magnitud en los últimos diez años y constatarse el aumento de la peligrosidad climática (olas de calor, sequía acumulada, viento irregular), la Dirección General de Biodiversidad de la Comunidad Autónoma decide impulsar un Plan Integral de Prevención de Incendios Forestales, en coordinación con los municipios implicados, los servicios de emergencias, propietarios forestales y agentes medioambientales.

El análisis de riesgos realizado mediante cartografía digital y estudios de campo pone de relieve:

1. Acumulación de combustible vegetal en amplias zonas de pinar sin gestión desde hace más de 15 años.
2. Núcleos rurales y urbanizaciones sin franjas de seguridad suficientes.
3. Gran parte del terreno con pendientes pronunciadas y caminos forestales en mal estado.
4. Falta de coordinación entre los municipios en la gestión de cortafuegos y puntos de agua.

El diseño del plan se divide en:

- **Nivel autonómico.** El plan parte del marco regional establecido por la Comunidad Autónoma, que integra:
  - Zonificación del riesgo mediante SIG.
  - Prescripciones técnicas para podas, clareos y quemas prescritas.
  - Catálogo de infraestructuras prioritarias (vías de acceso, depósitos, zonas de carga de agua).

- **Nivel comarcal.** Se elabora un plan comarcal específico, con estas líneas de actuación:
  - **Tratamientos selvícolas preventivos:** Clareos y podas en 300 ha de pinar denso, apertura de fajas auxiliares de 15 m en bordes de urbanizaciones, y eliminación de matorral mediante pastoreo dirigido en áreas seleccionadas.
  - **Infraestructuras de defensa:** Reparación y mejora de 25 km de caminos forestales clave, instalación de 4 nuevos puntos de agua para helicópteros y camiones cisterna, diseño de una red comarcal de cortafuegos conectados.
  - **Educación y participación:** Campañas escolares con visitas a ADFs (Agrupaciones de Defensa Forestal), creación de una "semana del monte limpio" con participación vecinal, y formación técnica para propietarios forestales sobre buenas prácticas preventivas.
  - **Coordinación y normativa local:** Redacción de ordenanzas municipales que obligan al desbroce anual de parcelas colindantes con viviendas, unificación de los Planes Municipales de Emergencia (PEIF) en un protocolo comarcal compartido, y adhesión de cinco municipios a una asociación intermunicipal para la prevención forestal, con financiación compartida.

Los trabajos se inician en otoño con maquinaria ligera contratada por la Comunidad Autónoma y brigadas mixtas (público-privadas). Las ADF locales colaboran en las tareas de poda baja y apertura de senderos de evacuación. Se incorpora un rebaño de cabras serranas para controlar el matorral en las laderas más inaccesibles. Además, se utiliza una astilladora móvil para convertir restos vegetales en biomasa para uso en calderas municipales.

Tras dos años, los resultados fueron los siguientes:

1. Se ha reducido en un 65 % la continuidad vertical del combustible en zonas críticas.
2. El índice de severidad potencial ante incendios ha bajado un 40 % en las zonas tratadas.
3. Los incendios ocurridos en el segundo verano fueron rápidamente contenidos, gracias a la red de caminos reabiertos y puntos de agua.
4. La participación ciudadana ha aumentado, con más de 600 personas implicadas en actividades de prevención.

# Resumen

La prevención de incendios forestales es una herramienta esencial en la selvicultura moderna, especialmente en regiones mediterráneas como España, donde las condiciones climáticas, la acumulación de combustible vegetal y el abandono del medio rural aumentan la vulnerabilidad del monte. La selvicultura preventiva no se centra solo en extinguir el fuego, sino en anticiparse a él mediante una gestión racional y planificada del territorio forestal. Para ello, los planes de prevención definen estrategias y medidas destinadas a reducir el riesgo de incendio, proteger ecosistemas y garantizar la seguridad de la población y las infraestructuras.

Estos planes se estructuran en tres niveles administrativos: nacional, regional o comarcal, y local. A nivel nacional, el Estado define las líneas generales de actuación a través de instrumentos como la Estrategia Nacional de Gestión Forestal Sostenible o el Plan Estatal de Protección Civil ante Emergencias por Incendios Forestales. Además, promueve la coordinación interautonómica, apoya con recursos financieros y fomenta la innovación técnica y científica en materia de prevención. También impulsa campañas de sensibilización y forma parte activa en el desarrollo de herramientas como las Brigadas de Refuerzo contra Incendios Forestales (BRIF), que actúan tanto en extinción como en tareas preventivas.

En el nivel regional y comarcal, las comunidades autónomas asumen el liderazgo en la planificación preventiva, dado que tienen la competencia directa sobre sus masas forestales. Cada comunidad elabora su propio plan autonómico de prevención, adaptado a sus características naturales y socioeconómicas. Dentro de estas estrategias, se delimitan zonas de riesgo, se regulan los tratamientos selvícolas preventivos y se definen las infraestructuras necesarias. A menudo, esta planificación se traduce en planes comarcales que concretan las actuaciones sobre el terreno, permitiendo coordinar a agentes públicos y privados, adaptar las medidas a la realidad local y establecer sinergias con el desarrollo rural.

En cuanto a la prevención local, los municipios desempeñan un papel esencial en la ejecución directa de medidas preventivas. A través de ordenanzas, campañas informativas y planes municipales de emergencia, pueden regular el uso del fuego, exigir la limpieza de parcelas o coordinarse con los cuerpos de emergencia. Los Planes de Emergencia ante Incendios Forestales (PEIF) son documentos clave para organizar la respuesta ante un incendio y deben identificar recursos disponibles, zonas sensibles y protocolos de evacuación. Asimismo, entidades como las Agrupaciones de Defensa Forestal (ADF) o las comunidades de montes colaboran activamente en tareas preventivas, como la gestión del combustible, el mantenimiento de fajas auxiliares y la vigilancia del monte.

En todos los niveles, la efectividad de la prevención depende de la colaboración entre administraciones, la participación de la población local, el cumplimiento normativo y la inversión en medidas continuas y sostenibles. El diseño de cortafuegos, el uso de quemas prescritas, la promoción del pastoreo extensivo o la restauración de paisajes forestales en mosaico son ejemplos de acciones concretas que forman parte de estos planes. En definitiva, la planificación preventiva constituye un pilar fundamental para preservar nuestros montes frente a los incendios y garantizar su uso sostenible a largo plazo.

# Glosario

**Agrupación de Defensa Forestal (ADF)**
Organización, generalmente de carácter voluntario y de ámbito local o comarcal, que colabora en tareas de prevención y, en ocasiones, en primera intervención frente a incendios.

**Faja auxiliar**
Franja de terreno, normalmente gestionada mediante desbroce o podas, que se ubica junto a caminos, cultivos o edificaciones y cuya función es frenar o ralentizar el avance del fuego.

**Gestión del combustible**
Conjunto de prácticas (limpias, clareos, podas, quemas controladas, etc.) orientadas a reducir la cantidad y continuidad del material vegetal susceptible de arder.

**Infraestructuras preventivas**
Elementos físicos creados para prevenir o facilitar la extinción de incendios, como pistas forestales, cortafuegos, puntos de agua, depósitos o torres de vigilancia.

**Interfaz urbano-forestal**
Zona de contacto entre áreas naturales y zonas urbanizadas, especialmente sensible al fuego por la acumulación de combustible y la presencia de viviendas o infraestructuras vulnerables.

**Pirodiversidad**
Diversidad espacial y temporal en los regímenes de fuego dentro de un paisaje, que puede favorecer la biodiversidad y el equilibrio ecológico si se gestiona de forma adecuada.

**Plan autonómico de prevención**

Planificación regional desarrollada por cada comunidad autónoma, adaptada a sus condiciones ecológicas, sociales y administrativas, con competencias directas en materia forestal.

**Plan de prevención**

Documento técnico que define estrategias, medidas y protocolos dirigidos a evitar o minimizar la aparición y propagación de incendios forestales en un determinado territorio.

**Plan municipal de emergencia (PEIF)**

Instrumento obligatorio en muchos municipios con zonas forestales, que recoge los recursos disponibles, zonas de riesgo, puntos estratégicos y protocolos de actuación ante incendios.

**Plan nacional de prevención**

Estrategia estatal que proporciona directrices generales, coordinación entre comunidades autónomas y apoyo económico y técnico para la prevención de incendios a escala nacional.

**Quema prescrita**

Técnica preventiva que consiste en el uso del fuego de forma planificada y controlada para eliminar parte del combustible vegetal, reduciendo así el riesgo de incendios más intensos.

**Selvicultura preventiva**

Conjunto de actuaciones planificadas sobre los ecosistemas forestales que tienen como finalidad reducir el riesgo de incendios mediante la gestión del combustible, la estructuración del paisaje y el fortalecimiento de la resiliencia del monte.

**Zonificación del riesgo**

Clasificación del territorio según su peligrosidad frente a los incendios, considerando factores como la pendiente, vegetación, uso del suelo o historial de siniestros.

# Ejercicios de autoevaluación

**1. ¿Cuál es el principal objetivo de los planes de prevención en selvicultura?**

a. Incrementar la producción maderera.
b. Favorecer el crecimiento del sotobosque.
c. Reducir el riesgo y la propagación de incendios forestales.
d. Fomentar el turismo rural.

**2. ¿Qué nivel administrativo tiene la competencia directa sobre los montes en España?**

a. Comunidades autónomas.
b. Gobierno central.
c. Diputaciones provinciales.
d. Comisión Europea.

**3. ¿Cuál de las siguientes funciones corresponde a los planes de prevención?**

a. Fomentar incendios controlados en todas las estaciones.
b. Reducir la carga de combustible y facilitar la extinción.
c. Sustituir la acción de los servicios de emergencia.
d. Eliminar toda la vegetación del monte.

**4. ¿Qué estrategia nacional sirve como referencia para la prevención de incendios forestales?**

a. Plan Nacional de Explotación Forestal.
b. Estrategia de Biomasa Renovable.
c. Estrategia Nacional de Gestión Forestal Sostenible.
d. Plan de Desarrollo Agrario.

**5. ¿Qué organismo coordina el Plan Estatal de Protección Civil ante Incendios Forestales?**

a. Ministerio del Interior.
b. Ministerio de Agricultura.
c. Ministerio de Sanidad.
d. Ministerio de Cultura.

**6. ¿Cuál de estas medidas pertenece al ámbito nacional?**

a. Limpieza de caminos rurales.
b. Impulso a la I+D+i en prevención de incendios.
c. Redacción de ordenanzas locales.
d. Desbroce de fincas municipales.

**7. ¿Qué caracteriza a la planificación regional de prevención?**

a. Se centra exclusivamente en la interfaz urbano-forestal.
b. Está gestionada por mancomunidades.
c. Se adapta a las condiciones específicas de cada comunidad autónoma.
d. Solo es válida en terrenos públicos.

**8. ¿Qué incluye normalmente un plan comarcal?**

a. Medidas de promoción turística.
b. Autorización para viviendas en zonas forestales.
c. Diseño de cortafuegos y zonas de defensa local.
d. Campañas de vacunación rural.

**9. ¿Cuál de los siguientes factores se tiene en cuenta en los planes regionales?**

a. Idioma predominante.
b. Tipo de vegetación y uso del suelo.
c. Nivel de industrialización.
d. Altura media de la población.

**10. ¿Qué figura suele implicarse en los trabajos preventivos a nivel comarcal?**

a. Policía nacional.
b. Oficinas de empleo.
c. Servicios postales.
d. Agrupaciones de Defensa Forestal (ADF).

# U. A. 4. Áreas cortafuegos: cortafuegos artificiales, cortafuegos verdes y cortafuegos naturales (pedregales, vías, carreteras, etc.)

## Introducción

En el marco de la selvicultura preventiva, las áreas cortafuegos desempeñan un papel esencial en la defensa del monte frente a los incendios forestales. Estas áreas son franjas del terreno que interrumpen la continuidad de la vegetación, dificultando o impidiendo la propagación del fuego. Pueden tener un carácter artificial, como las creadas mediante maquinaria; natural, como barrancos, ríos o pedregales; o verde, cuando se emplea vegetación de bajo riesgo combustible como barrera viva.

La planificación y el diseño de estas áreas deben considerar la eficacia frente al fuego, su impacto ambiental, estético y sobre la biodiversidad. Además, deben integrarse dentro de una estrategia global de prevención, junto con otras actuaciones selvícolas como podas, desbroces o quemas prescritas.

Esta unidad aborda los principios generales de prevención, las técnicas de actuación sobre el combustible forestal, los criterios para la planificación de cortafuegos, y las infraestructuras complementarias, proporcionando una visión operativa y respetuosa con el medio.

## Objetivos

- Comprender la función de las áreas cortafuegos dentro de la selvicultura preventiva.
- Identificar los distintos tipos de cortafuegos: artificiales, verdes y naturales.
- Aplicar los principios generales de prevención de daños en los ecosistemas forestales.
- Describir las principales actuaciones sobre los combustibles forestales y su localización.
- Diseñar áreas cortafuegos teniendo en cuenta su anchura, impacto ambiental y necesidades de conservación.
- Reconocer otras infraestructuras preventivas asociadas a la lucha contra incendios forestales.

# 1. Introducción: selvicultura y defensa del monte

La **selvicultura** no solo persigue la mejora productiva, regenerativa y paisajística de los montes, sino que cumple también una función clave en su defensa frente a perturbaciones, especialmente los incendios forestales. Esta vertiente se conoce como selvicultura preventiva, y tiene como finalidad reducir la vulnerabilidad de las masas forestales mediante actuaciones directas sobre la vegetación, el combustible y la estructura del paisaje.

Uno de los elementos más característicos de esta estrategia son las áreas cortafuegos, concebidas como barreras físicas o funcionales que interrumpen la continuidad del combustible vegetal, actuando como freno o punto de control para los equipos de extinción. Su implementación debe enmarcarse en planes integrales de prevención, coordinados con otras prácticas como las podas, clareos, desbroces o quemas prescritas.

*Fig. 1. La efectividad de las áreas cortafuegos no depende solo de su existencia, sino de su correcto mantenimiento, integración en la orografía y conexión con vías de acceso y zonas de vigilancia*

Desde un enfoque moderno, la defensa del monte se considera parte de una gestión forestal sostenible, en la que la prevención no es una actuación puntual, sino una función permanente del manejo forestal, integrada en la planificación territorial, ecológica y social del entorno.

## 2. Principios generales de prevención de daños en selvicultura

La prevención en selvicultura se basa en una serie de **principios generales** que orientan todas las actuaciones dirigidas a evitar, reducir o contener los daños causados por agentes naturales o antrópicos (como el fuego, las plagas o el vandalismo).

Entre los principios más destacados se encuentran:

- **Discontinuidad del combustible**: es esencial fragmentar la continuidad horizontal y vertical del material vegetal inflamable. Esto se logra mediante franjas sin vegetación, aclarado de copas, reducción del sotobosque, etc.
- **Mantenimiento y accesibilidad**: las zonas de defensa deben mantenerse despejadas, limpias y accesibles para que los medios de extinción puedan operar eficazmente. Caminos, cortafuegos y puntos de agua son fundamentales.
- **Adaptación al medio**: toda intervención debe respetar las condiciones ecológicas del monte, considerando factores como el tipo de vegetación, la pendiente, el clima local y la fauna.

*Fig. 2. La prevención no puede generar un impacto mayor que el riesgo que intenta evitar*

- **Planificación estratégica**: la disposición de cortafuegos y otras medidas debe responder a un **diseño territorial**, que contemple zonas críticas, rutas de evacuación y protección de bienes y personas.

En una zona de pinares de alta pendiente y densa masa arbórea, se puede planificar una franja cortafuegos que aproveche un antiguo camino forestal. Este se amplía y desbroza, se rodea de un mosaico de vegetación de bajo riesgo (cortafuegos verde) y se conecta con otras pistas para facilitar la vigilancia y actuación rápida en caso de incendio.

- **Integración paisajística y ecológica**: los elementos de prevención deben integrarse visual y funcionalmente en el entorno. Por ejemplo, utilizar vegetación autóctona de bajo poder calórico en lugar de eliminar totalmente la cobertura vegetal.

- **Gestión activa del combustible**: además de diseñar áreas cortafuegos, es crucial gestionar el combustible forestal de forma continua, mediante podas selectivas, eliminación de residuos forestales y rotación de pastoreo controlado.

## 3. Actuación sobre los combustibles forestales

La vegetación de un monte, especialmente cuando no ha sido gestionada adecuadamente, constituye una enorme reserva de material combustible que alimenta el avance de los incendios forestales.

*Fig. 3. El combustible forestal incluye tanto árboles y arbustos vivos, como ramas secas, matorrales, hojarasca acumulada y restos de podas o talas*

La **gestión del combustible** es una de las estrategias más eficaces dentro de la selvicultura preventiva, ya que actúa directamente sobre el principal factor que determina la intensidad y velocidad de propagación del fuego. Esta gestión puede abordarse desde diferentes tipos de actuación, según su disposición en el territorio y su función en el diseño preventivo.

Entre las más importantes se encuentran las actuaciones lineales, las actuaciones en la masa, la localización estratégica de acciones, y por supuesto, las propias áreas cortafuegos, que se abordarán más adelante.

## 3.1. Actuaciones lineales

Las **actuaciones lineales** consisten en intervenciones preventivas realizadas a lo largo de franjas estrechas y alargadas del terreno, cuya finalidad es interrumpir la continuidad horizontal del combustible. Su disposición sigue líneas naturales o artificiales del territorio, como caminos, pistas forestales, bordes de cultivos, linderos, cortafuegos, cauces o líneas eléctricas.

*Fig. 4. Los cortafuegos lineales, como el que se muestra en la imagen, permiten interrumpir la continuidad horizontal del combustible vegetal y facilitan el acceso de los medios de extinción en caso de incendio*

Estas franjas suelen recibir tratamientos que incluyen:

- Desbroce del matorral y sotobosque combustible.
- Reducción del estrato herbáceo y eliminación de acumulaciones de residuos vegetales.

- Podas bajas en arbolado joven para evitar continuidad vertical del fuego.
- Fresado, gradeo o escarificado del suelo, en algunos casos, para mantener la vegetación controlada.

Las actuaciones lineales son especialmente eficaces como líneas de defensa o zonas de control desde las cuales pueden operar los equipos de extinción con mayor seguridad y visibilidad.

*Fig. 5. Las actuaciones lineales incluyen senderos, pistas o fajas de desbroce que atraviesan el monte, creando barreras al avance del fuego y permitiendo el acceso de los medios de intervención*

A lo largo de una línea eléctrica que atraviesa un bosque mediterráneo, se establece una franja de 10 metros de anchura donde se desbroza anualmente el matorral, se podan los árboles próximos y se mantiene el suelo libre de vegetación densa. Esta franja previene incendios por contacto eléctrico, y además actúa como cortafuegos lineal auxiliar.

Las actuaciones lineales también se consideran puntos estratégicos para detectar o frenar incendios, ya que permiten acceso rápido y reducen la carga de combustible en zonas vulnerables. Su mantenimiento debe ser periódico, especialmente en zonas con alta recurrencia de incendios o con condiciones meteorológicas extremas (olas de calor, viento fuerte, etc.).

## 3.2. Actuaciones en la masa

Las **actuaciones en la masa forestal** son intervenciones dirigidas a reducir el riesgo de incendio en el interior del monte, actuando de forma extensa o selectiva sobre la vegetación. A diferencia de las actuaciones lineales, que siguen franjas concretas, las intervenciones en la masa afectan a superficies amplias o parcelas completas, modificando su estructura, continuidad y carga de combustible.

Las técnicas más frecuentes incluyen:

- **Clareos** y **claras** para reducir la densidad del arbolado y del sotobosque, favoreciendo la discontinuidad del combustible y una mejor ventilación.
- **Podas bajas**, especialmente en especies resinosas, para evitar que el fuego ascienda desde el matorral a las copas.
- **Eliminación de pies secos o enfermos**, altamente inflamables.
- **Recogida y retirada de restos vegetales** (ramas, hojas, copas secas).
- **Desbroces selectivos** del matorral, con frecuencia rotacional.

Las actuaciones en la masa deben adaptarse al tipo de ecosistema y a su dinámica natural. Una eliminación excesiva de vegetación puede alterar el microclima, erosionar el suelo o perjudicar a la fauna local.

*Fig. 6. Las actuaciones en la masa, como los clareos o entresacas, permiten reducir la densidad del arbolado y mejorar su desarrollo, favoreciendo al mismo tiempo la seguridad y accesibilidad del monte*

En un encinar con alta densidad de matorral, se planifica una actuación en mosaico que combine zonas aclaradas, parcelas con pastoreo controlado y rodales no intervenidos para conservar la biodiversidad. Esta heterogeneidad reduce la propagación del fuego y mejora la resiliencia ecológica del monte.

Estas actuaciones requieren una planificación técnica rigurosa y, en muchas ocasiones, evaluación de impacto ambiental previa. Su ejecución también puede combinarse con prácticas complementarias, como la instalación de áreas cortafuegos o la programación de quemas prescritas.

*Fig. 7. La apertura de cortafuegos en masas densas se realiza mediante cortas selectivas, lo que permite reducir la continuidad del combustible vertical y horizontal, al tiempo que se valoriza parte de los productos obtenidos*

## 3.3. Localización de las acciones

Una parte clave del diseño de la prevención es decidir dónde intervenir. La localización estratégica de las actuaciones sobre el combustible forestal es determinante para maximizar su efectividad y minimizar el coste y el impacto.

Los factores más relevantes para definir la localización son:

- **Zonas de alta peligrosidad**: áreas con historial de incendios frecuentes, vegetación muy combustible, condiciones climáticas adversas o topografía desfavorable (pendientes, cañadas).
- **Zonas de interfaz urbano-forestal**: donde colindan viviendas, infraestructuras o zonas agrícolas con el monte. Son prioritarias por su riesgo para la vida y los bienes materiales.
- **Corredores de propagación del fuego**: ejes naturales o artificiales por donde el fuego puede avanzar rápidamente (valles estrechos, alineaciones de viento, caminos, cauces).

*Fig. 8. La continuidad del combustible en el sotobosque, como se observa en la imagen, crea corredores de propagación que favorecen el avance incontrolado del fuego y aumentan el riesgo de incendios de copas*

- **Accesos y rutas de evacuación**: caminos forestales, pistas y vías de comunicación que deben mantenerse operativas en caso de incendio.

- **Proximidad a recursos estratégicos**: como depósitos de agua, torres de vigilancia, centros de coordinación o áreas recreativas.

La ubicación de las acciones no puede responder solo a criterios técnicos o de urgencia, sino que debe integrarse dentro de una planificación territorial, con mapas de riesgo, cartografía temática y criterios ecológicos.

Además, la localización debe tener en cuenta la capacidad de mantenimiento posterior. No es eficaz actuar en zonas donde no se podrá repetir la intervención periódicamente o que sean inaccesibles para el personal técnico o los equipos de emergencia.

En un municipio rodeado de pinares, se detectan zonas donde el viento predominante empuja el fuego hacia urbanizaciones. En esos sectores se priorizan desbroces lineales, actuaciones en la masa y la construcción de un cortafuegos verde como barrera defensiva.

## 3.4. Áreas cortafuegos

Las **áreas cortafuegos** son franjas de terreno artificial o natural que se mantienen libres de vegetación continua y fácilmente combustible, con el objetivo de interrumpir la propagación horizontal del fuego. Se trata de uno de los elementos más representativos y utilizados dentro de la selvicultura preventiva.

Estas áreas sirven como barrera física y también ofrecen una zona segura desde la que pueden operar los equipos de extinción y actuar como líneas de defensa, especialmente en el caso de incendios de gran intensidad.

Según su origen y características, se distinguen distintos tipos de cortafuegos:

- **Cortafuegos artificiales**: franjas creadas mediante maquinaria o medios manuales, en las que se elimina total o parcialmente la vegetación y se acondiciona el suelo (desbroce, laboreo, excavación). Son los más comunes.

*Fig. 9. En paisajes agroforestales, la continuidad del combustible herbáceo seco puede favorecer la propagación del fuego, por lo que es clave mantener fajas de ruptura, cultivos de baja inflamabilidad o franjas labradas*

- **Cortafuegos naturales**: elementos del paisaje que actúan de forma natural como barrera, como pedregales, ríos, caminos, carreteras o cambios bruscos de pendiente o vegetación.

- **Cortafuegos verdes**: formados por vegetación poco combustible, seleccionada y mantenida expresamente para frenar el fuego (céspedes naturales, cultivos de baja inflamabilidad, setos autóctonos, etc.). Son especialmente útiles en zonas de interfaz urbano-forestal.

La eficacia de un área cortafuegos depende no solo de su construcción, sino de su mantenimiento regular: eliminación del rebrote, retirada de residuos, corrección de erosión y revisión del estado del terreno.

En una zona de pinares con matorral denso, se instala una franja cortafuegos de 25 metros de anchura, siguiendo el trazado de una pista forestal. Se elimina la vegetación herbácea y arbustiva, se podan las ramas bajas de los árboles próximos y se realiza un mantenimiento semestral.

La correcta integración de estas áreas en el paisaje, así como su planificación estratégica (conexión con otras infraestructuras, acceso a puntos de agua, proximidad a zonas de riesgo) son elementos clave para su funcionalidad.

## 3.5. Factores a considerar en el diseño de áreas cortafuegos

El diseño de un área cortafuegos no puede ser arbitrario. Debe responder a criterios técnicos, ecológicos y funcionales, que aseguren su eficacia sin comprometer el equilibrio ambiental del entorno.

A continuación, se enumeran los principales factores a tener en cuenta:

**1. Anchura:**

- La anchura debe ser proporcional al tipo de vegetación, pendiente del terreno y riesgo de incendio.
- En zonas de alto riesgo, se recomiendan anchuras mayores (20 a 50 metros), especialmente si hay masas continuas de coníferas o fuertes pendientes.
- En zonas de menor riesgo, puede optarse por franjas más estrechas si están bien mantenidas.

*Fig. 10. Este tipo de cortafuegos, con anchura suficiente y continuidad en el terreno, actúa como una franja de discontinuidad del combustible vegetal, facilitando las labores de extinción y reduciendo el riesgo de propagación lateral del fuego*

**2. Orientación y disposición:**

- Siempre que sea posible, deben aprovechar líneas naturales o infraestructuras existentes.
- Deben situarse perpendiculares al avance habitual del fuego, teniendo en cuenta los vientos dominantes.

**3. Impacto sobre el paisaje y la biodiversidad:**

- Es fundamental evitar la fragmentación innecesaria del ecosistema.
- Se pueden diseñar cortafuegos en mosaico o escalonados, integrados con áreas verdes y zonas de baja inflamabilidad.
- Su trazado debe respetar hábitats protegidos, corredores ecológicos o zonas sensibles.

**4. Erosión y degradación del suelo:**

- Las áreas cortafuegos mal diseñadas pueden provocar erosión, pérdida de suelo fértil y arrastre de sedimentos.
- Deben incluirse medidas de estabilización: drenajes, siembra de vegetación resistente, técnicas de bioingeniería.

**5. Accesibilidad y mantenimiento:**

- Las franjas deben ser accesibles para vehículos forestales, brigadas y maquinaria.
- Se debe planificar un calendario de mantenimiento, con recursos asignados para conservar su funcionalidad a largo plazo.

*Fig. 11. Los cortafuegos lineales dispuestos en red permiten compartimentar el territorio forestal, facilitar las labores de extinción y frenar la propagación horizontal del fuego en paisajes de alta inflamabilidad*

**Anotación**

Un error frecuente es diseñar cortafuegos amplios, pero mal mantenidos, lo que genera una falsa sensación de seguridad y puede incluso actuar como rampa de propagación si la vegetación rebrotada no se controla.

En un área forestal mediterránea con frecuentes incendios estivales, se diseña una red de cortafuegos de 30 metros de anchura, dispuesta en damero, y conectada con caminos rurales. Se combinan tramos de vegetación baja autóctona (cortafuegos verdes) con desbroces manuales y barreras naturales como ramblas y bancales abandonados.

A continuación, se expone una tabla comparativa de los tipos de actuación sobre combustibles forestales:

| Tipo de actuación | Finalidad principal | Localización en el monte | Características destacadas | Ventajas principales | Precauciones ambientales |
|---|---|---|---|---|---|
| **Lineales** | Crear franjas de interrupción del fuego | A lo largo de caminos, pistas, líneas eléctricas u otras infraestructuras lineales | Desbroce, podas bajas, limpieza de restos, mantenimiento del suelo claro | Facilitan acceso, rápida implementación y control directo del frente de fuego | Riesgo de erosión si no se protege el suelo |
| **En la masa** | Reducir la carga de combustible y mejorar la estructura del monte | Dentro de rodales, superficies amplias o zonas de alta densidad vegetal | Clareos, podas, eliminación de pies secos o enfermos, desbroces selectivos | Mejora la salud forestal, reduce la continuidad vertical y horizontal del combustible | Puede alterar hábitats si no se hace selectivamente |
| **Localización estratégica** | Optimizar los recursos y priorizar las zonas críticas | Zonas de interfaz urbano-forestal, corredores de viento, áreas históricas de incendio | Actuaciones combinadas, planificadas en función del riesgo y accesibilidad | Alta eficacia preventiva con menor superficie intervenida | Requiere análisis técnico previo |
| **Áreas cortafuegos** | Detener o ralentizar la propagación del fuego | Red planificada dentro del monte o en perímetros de protección | Eliminación total o parcial de vegetación en franjas de anchura definida | Línea de defensa estructural, puntos de control del fuego | Puede fragmentar ecosistemas si no se integra bien |
| **Diseño integrado** (transversal) | Coordinar actuaciones con otras infraestructuras y usos del territorio | En redes, mosaicos o corredores funcionales | Integra cortafuegos, accesos, puntos de agua, barreras verdes y áreas de defensa perimetral | Aborda la prevención como sistema, no como actuación aislada | Requiere planificación territorial y consenso |

## 4. Planificación de áreas cortafuegos

La planificación de áreas cortafuegos forma parte de la estrategia global de defensa del monte contra incendios.

*Fig. 12. No se trata simplemente de abrir franjas de terreno despejado, sino de diseñar una red coherente, integrada y funcional que se adapte a las características del territorio, la vegetación, el riesgo y los usos del entorno*

Una planificación eficaz debe:

- **Seleccionar estratégicamente su ubicación**, conectando las áreas cortafuegos con caminos, pistas forestales, cortas previas o cursos de agua.
- **Determinar su forma, orientación, longitud y anchura**, en función del comportamiento esperado del fuego en cada zona.
- **Evaluar su efecto sobre el ecosistema** y contemplar posibles medidas de restauración o compensación ambiental.
- **Integrarse en los planes técnicos de ordenación forestal**, los planes de prevención comarcales y las normativas autonómicas sobre incendios.
- **Establecer un protocolo de mantenimiento** y uso, que contemple desde la retirada de vegetación rebrotada hasta su utilización como línea de defensa activa.

Un plan comarcal de prevención prevé una red de cortafuegos perimetrales y radiales alrededor de núcleos urbanos en interfaz con masas forestales. Se trazan cortafuegos principales, secundarios y accesos, integrando antiguos caminos rurales con franjas de desbroce y zonas de vegetación baja resistente al fuego.

Una buena planificación incluye también la posibilidad de uso multifuncional de los cortafuegos: como caminos de evacuación, corredores de fauna, cortinas visuales o zonas de aprovechamiento ganadero controlado.

## 4.1. Anchura de las áreas cortafuegos

La **anchura** es uno de los parámetros técnicos más importantes en el diseño de un cortafuegos. Una anchura adecuada asegura que el fuego no pueda saltar la franja, y que los medios de extinción puedan operar con seguridad.

Los factores que determinan la anchura necesaria son los siguientes:

1. **Tipo de vegetación predominante:** En zonas con especies de alta inflamabilidad (pinos, jaras, brezos), se requiere mayor anchura.

*Fig. 13. En ecosistemas con vegetación menos densa o con humedad edáfica, como los hayedos, la anchura puede ser menor*

2. **Pendiente del terreno:**
   - El fuego asciende más rápido en laderas, por lo que cuanta mayor sea la pendiente, mayor debe ser la anchura.
   - En laderas suaves, puede ser suficiente con franjas de 10–20 metros; en pendientes fuertes puede requerirse más de 40 metros.

3. **Velocidad y dirección del viento predominante:** En zonas con vientos fuertes, los incendios avanzan más rápido y el fuego puede saltar distancias importantes.

4. **Función del cortafuegos:**
   - Si se trata de un cortafuegos principal, su anchura será mayor (hasta 50 m o más).
   - En cortafuegos secundarios o de acceso, puede oscilar entre 10 y 20 m.

Los valores orientativos de anchura según riesgo son:

| Nivel de riesgo de incendio | Anchura recomendada del cortafuegos |
|---|---|
| Bajo | 10 - 15 metros |
| Medio | 20 - 30 metros |
| Alto | 30 - 50 metros o más |

En un bosque de coníferas con alto riesgo de incendio, el cortafuegos principal se diseña con 40 metros de anchura en la parte baja de la ladera y se amplía hasta 60 metros en las zonas más escarpadas. Se combina con accesos laterales de 15 metros.

**Anotación**

No siempre es viable abrir cortafuegos amplios. En zonas protegidas, de valor paisajístico o con riesgo de erosión, es preferible combinar franjas más estrechas con otras medidas preventivas complementarias (vegetación de bajo riesgo, podas, quemas prescritas controladas).

## 4.2. Efectos de las áreas cortafuegos sobre el paisaje, fauna, flora y erosión

Aunque las áreas cortafuegos son herramientas esenciales en la defensa contra incendios forestales, su implantación puede tener impactos negativos si no se planifica correctamente. Es fundamental integrar criterios ambientales y ecológicos para minimizar estos efectos y lograr una gestión forestal sostenible.

Los efectos sobre el paisaje son:

- Los cortafuegos amplios y sin integración paisajística pueden generar discontinuidades visuales, impacto estético negativo y fragmentación perceptiva del territorio.
- En zonas turísticas o con alto valor escénico, su diseño debe armonizar con el entorno: trazados curvos, revegetación controlada, o uso de especies autóctonas de bajo porte.

Por su parte, con respecto a los efectos sobre la flora, destacan:

- La apertura de cortafuegos puede destruir comunidades vegetales valiosas, eliminar especies protegidas o permitir la entrada de especies invasoras.
- Las alteraciones del suelo y del microclima (mayor exposición solar, cambios de humedad) pueden modificar la composición vegetal del entorno.

También tiene efectos sobre la fauna:

- Se genera una fragmentación del hábitat que dificulta el movimiento de especies sensibles, especialmente de pequeño tamaño o con baja capacidad de desplazamiento.

*Fig. 14. La pérdida de cobertura vegetal reduce refugios y recursos alimenticios, y puede aumentar la vulnerabilidad a depredadores*

- Algunos cortafuegos mal mantenidos pueden convertirse en corredores artificiales que favorecen especies oportunistas en detrimento de las autóctonas.

Por último, los efectos sobre la erosión son:

- La eliminación de vegetación y el pisoteo del suelo por maquinaria pueden desencadenar procesos erosivos, especialmente en zonas con pendiente.
- La pérdida de capa fértil y la compactación dificultan la regeneración natural y aumentan la escorrentía superficial.

En áreas con alto valor ecológico, se recomienda utilizar cortafuegos verdes o discontinuos, reducir el uso de maquinaria pesada, y planificar corredores ecológicos compensatorios.

**En un espacio natural protegido, se evita abrir cortafuegos rectilíneos y se opta por un diseño en mosaico, con franjas de vegetación de baja inflamabilidad intercaladas, respetando las zonas de cría de aves y los pasos naturales de fauna.**

## 4.3. Conservación de las áreas cortafuegos

La eficacia de una red de cortafuegos no depende únicamente de su diseño inicial, sino de su mantenimiento a largo plazo. Sin una conservación adecuada, estas franjas pueden perder su funcionalidad e incluso convertirse en nuevos focos de riesgo, al acumular vegetación secundaria o deteriorarse estructuralmente.

Las tareas clave en la conservación son las siguientes:

- **Desbroce periódico:** El matorral y la vegetación herbácea deben controlarse al menos una vez al año, especialmente antes de la temporada de riesgo (primavera-verano).

- **Control del rebrote arbustivo:** En zonas donde se haya eliminado vegetación leñosa, es frecuente la aparición de brotes nuevos.

*Fig. 15. En el control de rebrote arbustivo se debe actuar selectivamente con herramientas mecánicas o medios manuales*

- **Poda de árboles cercanos:** Es necesario mantener las copas a una altura segura respecto al suelo, evitando la continuidad vertical del combustible.

- **Gestión de residuos**: Los restos de las labores de mantenimiento deben ser retirados, triturados o eliminados de forma segura, evitando acumulaciones inflamables.

- **Corrección de daños por erosión**: Se aplican medidas como sembrado de especies herbáceas fijadoras, instalación de fajinas o diques, y drenajes para controlar la escorrentía.

- **Revisión de accesibilidad**: Se debe garantizar que los cortafuegos puedan ser utilizados como vías de acceso por vehículos de emergencia.

- **Vigilancia y señalización**: Los cortafuegos deben estar señalizados en mapas de prevención y en el terreno, facilitando su uso en caso de incendio.

*Fig. 16. Un cortafuegos descuidado puede acumular más vegetación que la zona circundante, convirtiéndose en un "efecto mecha" que favorece la propagación del fuego en lugar de frenarlo*

En una comarca de clima seco, el consorcio forestal establece un convenio anual con ganaderos locales para realizar pastoreo dirigido en los cortafuegos, como método de conservación ecológico y económico.

## 4.4. Otras infraestructuras preventivas

Además de las **áreas cortafuegos**, existen diversas infraestructuras auxiliares que complementan la estrategia preventiva frente a incendios forestales. Estas estructuras, muchas veces integradas en la red forestal o el planeamiento territorial, tienen como función facilitar el acceso, la vigilancia, la detección temprana, el abastecimiento de medios de extinción, y el control del riesgo.

- **Red de caminos forestales:**
    - Son esenciales para permitir la accesibilidad rápida de los equipos de extinción y evacuación.
    - Deben mantenerse transitables todo el año, con anchura suficiente y sin obstáculos.
    - Su diseño debe evitar pendientes excesivas, curvas cerradas o zonas erosionables.

- **Puntos de agua y depósitos:**
    - Incluyen balsas, aljibes, depósitos elevados o hidrantes distribuidos estratégicamente.
    - Son necesarios para recargar vehículos contraincendios y realizar descargas aéreas con rapidez.
    - Deben estar señalizados, accesibles y mantenerse limpios y operativos.

  En zonas sin agua superficial cercana, la instalación de pequeños puntos de captación pluvial o aljibes conectados a techos de refugios puede ser una solución eficaz.

*Fig. 17. Aunque de mayor escala, esta imagen ejemplifica el principio de acumulación de agua mediante estructuras elevadas y cerradas, una estrategia que puede adaptarse a pequeña escala en el monte mediante aljibes recolectores de agua pluvial, esenciales en zonas forestales sin acceso directo a fuentes hídricas*

- **Torre de vigilancia o puestos de observación:**
    - Su función es facilitar la detección temprana de columnas de humo y la observación panorámica del territorio.
    - Pueden ser estructuras fijas elevadas o emplazamientos naturales acondicionados.
- Deben comunicarse con los centros de coordinación y contar con acceso independiente.

- **Áreas de defensa perimetral:**
    - En zonas de interfaz urbano-forestal se establecen franjas o anillos de defensa alrededor de edificaciones, urbanizaciones o instalaciones críticas.
    - Incluyen desbroces, podas, retirada de materiales combustibles y barreras verdes.
    - Están reguladas por legislación autonómica en muchos casos.

- **Refugios forestales y puntos de encuentro:**
    - Espacios habilitados como zonas seguras en caso de emergencia, tanto para personal técnico como para habitantes o visitantes.

*Fig. 18. Los refugios forestales deben estar bien señalizados, conectados a vías de escape y contar con condiciones mínimas de seguridad*

Un plan de prevención comarcal en una zona montañosa incluye: 300 km de caminos forestales interconectados, 15 puntos de agua señalizados con cartelería visible, 4 torres de vigilancia, y zonas de defensa perimetral obligatoria alrededor de todos los núcleos urbanos de menos de 5.000 habitantes con interfaz forestal.

- **Infraestructura digital y de comunicación:**
  - Incluye sistemas de vigilancia con sensores térmicos o cámaras, plataformas de detección remota, sistemas de transmisión de alertas y redes de comunicación para personal de extinción.
  - Su incorporación a los planes de prevención es cada vez más habitual, especialmente en zonas de alta recurrencia.

**Anotación**

El uso combinado de infraestructura física y digital permite pasar de una lógica reactiva a una gestión preventiva basada en monitorización continua, con herramientas como SIG (Sistemas de Información Geográfica), drones o teledetección.

Para finalizar la unidad, se expone un caso práctico resuelto: "Diseño y ejecución de infraestructuras preventivas en el monte Peñas Blancas".

El monte público "Peñas Blancas", situado en la comarca del Alto Sil, presenta un relieve accidentado, con pendientes medias-altas y una vegetación dominada por matorral denso de brezos, tojos y retamas, junto a pequeñas masas de coníferas repobladas y manchas de frondosas autóctonas. El monte está catalogado como de alto riesgo de incendio forestal, con accesibilidad limitada y escasa compartimentación.

La Consejería de Medio Ambiente aprueba un Plan de Infraestructuras Preventivas con tres objetivos principales:

- Mejorar el acceso para medios de extinción.
- Frenar la propagación horizontal del fuego.
- Facilitar tareas de vigilancia, pastoreo controlado y gestión del combustible.

Las actuaciones realizadas fueron las siguientes:

- **Trazado y apertura de cortafuegos lineales mecanizados:** Se ejecutan más de 25 km de cortafuegos rectilíneos y en retícula, siguiendo criterios topográficos (líneas de cumbre, divisorias, vaguadas estratégicas). Se emplean bulldozers ligeros para el desbroce total de la vegetación y nivelado básico del terreno. Las franjas tienen entre 10 y 15 metros de anchura.
- **Clareo y apertura de franja de defensa en masas repobladas:** En las zonas de pinar joven se realiza un clareo mecanizado con aprovechamiento de madera, eliminando pies mal conformados y dejando una faja limpia de unos 20 metros. Los restos son apilados y extraídos para astillado o biomasa.
- **Rehabilitación de senderos forestales:** Se ensanchan y refuerzan antiguos caminos madereros mediante limpieza lateral, mejora del firme y desbroce del sotobosque próximo. Algunos tramos se convierten en vías auxiliares de vigilancia, conectadas con los cortafuegos principales.
- **Implantación de cortafuegos verdes y pastoreo dirigido:** En zonas de transición con pueblos cercanos se ensayan fajas verdes con especies de pasto

resistente, combinadas con acuerdos para introducir cabras en primavera. Se redujo la carga de combustible y se facilitó la vigilancia de proximidad.

Los resultados fueron:

- La nueva red permitió contener eficazmente un conato en la temporada siguiente, gracias al acceso inmediato de los retenes a través de los nuevos cortafuegos.
- Se facilitó el aprovechamiento maderero de bajo volumen y la reintroducción de ganado como herramienta silvopastoral.
- Se ha iniciado una segunda fase de mantenimiento para prevenir la degradación por erosión en las franjas más expuestas.

# Resumen

La defensa del monte frente a los incendios forestales es uno de los pilares fundamentales de la selvicultura preventiva. Entre las herramientas más utilizadas para este fin se encuentran las áreas cortafuegos, que son franjas del terreno donde se interrumpe la continuidad de la vegetación con el fin de dificultar el avance del fuego. Estas áreas pueden ser de origen artificial, natural o estar compuestas por vegetación poco inflamable (cortafuegos verdes). Su función principal es actuar como barrera y punto estratégico para la extinción, por lo que deben estar bien planificadas y mantenidas.

Los principios generales de prevención en selvicultura incluyen la reducción de la carga de combustible, la creación de discontinuidades horizontales y verticales, la adaptación de las actuaciones al medio natural, y la integración de las infraestructuras preventivas en un plan de gestión forestal. Para ello se realizan diferentes actuaciones sobre los combustibles forestales, que pueden clasificarse en actuaciones lineales (a lo largo de caminos, líneas eléctricas, pistas, etc.) y actuaciones en la masa, como clareos, podas o desbroces que modifican la estructura del bosque.

La localización estratégica de estas actuaciones es crucial para su eficacia. Deben situarse en zonas de alto riesgo, en áreas de interfaz urbano-forestal, en corredores naturales de propagación del fuego y en puntos clave como accesos, puntos de agua o instalaciones críticas. Las áreas cortafuegos, como elemento central de esta estrategia, deben diseñarse considerando múltiples factores, especialmente la anchura adecuada, que varía según la vegetación, la pendiente, el viento y la función que cumpla cada cortafuegos.

A pesar de sus beneficios, las áreas cortafuegos pueden generar impactos negativos sobre el paisaje, la fauna, la flora y el suelo si no se diseñan correctamente. Entre estos efectos destacan la fragmentación del hábitat, la pérdida de especies sensibles, la degradación visual y la erosión del terreno. Por ello, se recomienda adoptar medidas de integración ecológica, como trazados en mosaico, revegetación controlada o uso de vegetación nativa poco inflamable.

El mantenimiento o conservación de los cortafuegos es tan importante como su creación. Sin labores periódicas de desbroce, poda, control del rebrote y retirada de residuos, estas franjas pueden perder su funcionalidad o incluso convertirse en zonas más peligrosas. Además, deben garantizarse su accesibilidad, señalización y conexión con otras infraestructuras preventivas.

Por último, la selvicultura preventiva se apoya en un conjunto de infraestructuras complementarias, como la red de caminos forestales, los puntos de agua para recarga de medios de extinción, torres de vigilancia, refugios forestales, áreas de defensa perimetral y sistemas de vigilancia digital. Estas infraestructuras permiten una respuesta más rápida y eficaz ante emergencias, y deben estar integradas dentro de la planificación territorial y los planes técnicos de prevención de incendios.

# Glosario

**Actuación en la masa**

Actuación que se realiza dentro del interior del monte o masa forestal para reducir la carga de combustible, mediante clareos, podas o eliminación de residuos.

**Actuación lineal**

Intervención preventiva sobre el combustible forestal realizada a lo largo de franjas estrechas, normalmente siguiendo infraestructuras como caminos o líneas eléctricas.

**Ancho del cortafuegos**

Medida transversal de la franja cortafuegos, cuya dimensión debe adaptarse al tipo de vegetación, pendiente, viento y nivel de riesgo de incendio.

**Área cortafuegos**

Franja de terreno libre de vegetación continua y fácilmente inflamable, destinada a detener o dificultar la propagación del fuego en caso de incendio forestal.

**Cortafuegos artificial**

Cortafuegos creado mediante intervención humana, utilizando maquinaria o herramientas manuales para eliminar la vegetación y acondicionar el terreno.

**Cortafuegos natural**

Elemento del paisaje que actúa de forma natural como barrera frente al fuego (ríos, pedregales, carreteras, barrancos, etc.).

**Cortafuegos verde**

Cortafuegos constituido por vegetación poco combustible, seleccionada y gestionada expresamente como barrera biológica frente al fuego.

**Discontinuidad del combustible**

Principio de prevención que busca interrumpir la continuidad horizontal y vertical del material vegetal inflamable, limitando así la propagación del fuego.

**Erosión**

Pérdida de suelo fértil como consecuencia del arrastre por agua o viento, agravada por la eliminación de la cobertura vegetal y el uso de maquinaria pesada.

**Fragmentación del hábitat**

Ruptura de la continuidad ecológica de un ecosistema que dificulta el movimiento de fauna y la estabilidad de la flora, generada por infraestructuras como cortafuegos.

**Interfaz urbano-forestal**

Zona de contacto entre áreas forestales y asentamientos humanos, especialmente vulnerable ante incendios y de alta prioridad en la planificación preventiva.

**Mantenimiento del cortafuegos**

Conjunto de labores necesarias para conservar la funcionalidad del cortafuegos a lo largo del tiempo, incluyendo desbroces, podas, gestión de residuos y control del rebrote.

**Pastor eléctrico (en contexto de conservación)**

Herramienta auxiliar que puede utilizarse para gestionar el pastoreo controlado en áreas cortafuegos, manteniendo el control del ganado sin barreras físicas.

**Poda preventiva**

Eliminación selectiva de ramas bajas de los árboles para evitar la transmisión vertical del fuego desde el suelo a las copas.

**Punto de agua**

Instalación fija o natural destinada al abastecimiento de agua para medios de extinción (balsas, aljibes, hidrantes).

**Red de caminos forestales**

Infraestructura vial que permite el acceso a las masas forestales para tareas de prevención, extinción, gestión y evacuación.

**SIG (Sistema de Información Geográfica)**

Herramienta informática que permite la gestión y análisis espacial de datos territoriales, fundamental para planificar cortafuegos y otras infraestructuras preventivas.

**Torre de vigilancia**

Estructura elevada que permite la detección visual temprana de incendios y la observación del comportamiento del fuego.

*U. A. 4. Áreas cortafuegos: cortafuegos artificiales, cortafuegos verdes y cortafuegos naturales (pedregales, vías, carreteras, etc.)*

# Ejercicios de autoevaluación

**1. ¿Cuál es la principal función de un área cortafuegos?**

a. Favorecer la regeneración natural
b. Estimular el crecimiento de especies leñosas
c. Interrumpir la continuidad del combustible forestal
d. Mejorar la infiltración del agua en el suelo

**2. ¿Qué tipo de cortafuegos utiliza vegetación de baja inflamabilidad como barrera viva?**

a. Verde.
b. Artificial.
c. Natural.
d. Manual.

**3. ¿Cuál de los siguientes elementos puede actuar como cortafuegos natural?**

a. Plantación de especies ornamentales.
b. Línea de alta tensión.
c. Pedregal o barranco.
d. Cultivo de cereal.

**4. ¿Qué tipo de actuación se realiza en franjas lineales del terreno?**

a. Actuación aérea.
b. Actuaciones lineales.
c. Actuaciones por parcheo.
d. Actuación subterránea.

*U. A. 4. Áreas cortafuegos: cortafuegos artificiales, cortafuegos verdes y cortafuegos naturales (pedregales, vías, carreteras, etc.)*

**5. ¿Cuál de los siguientes NO es un objetivo de las actuaciones en la masa?**

a. Reducir la densidad del arbolado.
b. Eliminar completamente toda la vegetación del monte.
c. Aclarar el sotobosque.
d. Disminuir la carga de combustible.

**6. ¿Qué factor aumenta la necesidad de mayor anchura en un cortafuegos?**

a. Suelo húmedo.
b. Fuerte pendiente del terreno.
c. Escasa insolación.
d. Vegetación escasa.

**7. ¿Cuál de estas infraestructuras preventivas se utiliza para el abastecimiento de medios de extinción?**

a. Torre de vigilancia.
b. Área de defensa perimetral.
c. Camino forestal.
d. Punto de agua o depósito.

**8. ¿Qué efecto negativo pueden tener los cortafuegos sobre la fauna?**

a. Fragmentación del hábitat.
b. Mejora de la biodiversidad.
c. Reducción de especies invasoras.
d. Aumento de refugios naturales.

**9. ¿Qué se recomienda para conservar un cortafuegos en buen estado?**

a. Cubrirlo de grava volcánica.
b. Desbrozar periódicamente la vegetación.
c. Fertilizar el terreno.
d. Incrementar la densidad de plantación.

**10.¿Qué sistema permite detectar incendios desde un punto elevado?**

a. Dron forestal.
b. Valla perimetral.
c. Torre de vigilancia.
d. Punto de encuentro.

*U. A. 4. Áreas cortafuegos: cortafuegos artificiales, cortafuegos verdes y cortafuegos naturales (pedregales, vías, carreteras, etc.)*

# U. A. 5. Utilización del fuego como herramienta de prevención

## Introducción

En el contexto de la selvicultura preventiva, la utilización del fuego como herramienta de gestión ha evolucionado de ser un agente destructivo a convertirse en un elemento estratégico con múltiples aplicaciones. Bien empleado, el fuego puede contribuir a reducir la carga de combustible vegetal, facilitar labores de regeneración natural, mantener hábitats adecuados para determinadas especies y actuar como barrera preventiva frente a incendios forestales de gran magnitud.

Esta unidad profundiza en los distintos usos técnicos del fuego, diferenciando conceptos clave como contrafuego y quema prescrita, y abordando los fundamentos de la piroecología, es decir, el estudio del papel ecológico del fuego en los ecosistemas. Asimismo, se analizan los principios técnicos y de seguridad asociados a la quema controlada, como método planificado y regulado de intervención.

El empleo del fuego debe enmarcarse siempre en una planificación detallada y ejecutarse bajo condiciones estrictas de seguridad, de forma que los beneficios superen ampliamente los posibles riesgos. Para ello, es esencial una formación técnica adecuada, la comprensión de los distintos tipos de vegetación y clima, y la coordinación con los dispositivos de protección civil y medioambiental.

## Objetivos

- Comprender el papel del fuego en los ecosistemas forestales y su potencial uso como herramienta de prevención.
- Diferenciar los tipos de fuego controlado, especialmente el contrafuego y la quema prescrita.
- Identificar los distintos tipos de quemas prescritas y sus aplicaciones específicas según los objetivos de gestión forestal.
- Aplicar los principios básicos y técnicas de la quema controlada, garantizando su ejecución bajo criterios de seguridad y eficacia.
- Reconocer los conceptos de pirodiversidad y piroecología, comprendiendo su utilidad en la planificación selvícola.

## 1. Introducción: resistencia al fuego

La **resistencia al fuego** de un ecosistema forestal se refiere a su capacidad para soportar los efectos de un incendio sin sufrir daños irreversibles en su estructura, biodiversidad o funcionalidad ecológica. Esta resistencia puede estar determinada por características intrínsecas del ecosistema (tipo de especies, densidad, humedad del combustible vegetal) y por las actuaciones humanas previas, como los tratamientos selvícolas o la planificación preventiva.

Desde el punto de vista selvícola, mejorar la resistencia al fuego implica:

- Reducir la continuidad horizontal y vertical del combustible, evitando la propagación rápida del fuego.
- Favorecer especies más resistentes al fuego, como algunas con cortezas gruesas o regeneración post-incendio.
- Eliminar material vegetal seco o muerto, que actúa como combustible de alta inflamabilidad.
- Diseñar estructuras de defensa, como áreas cortafuegos o líneas negras, que dificulten el avance del fuego.

*Fig. 1. No todas las masas forestales responden igual al fuego*

Un bosque denso de coníferas puede comportarse como un polvorín en verano, y un alcornocal aclarado y bien gestionado puede frenar o ralentizar un frente de llamas gracias a su escasa inflamabilidad.

Por tanto, la resistencia al fuego no solo depende del tipo de vegetación, sino también del grado de intervención previa sobre el monte. La selvicultura preventiva tiene como objetivo transformar las características del combustible forestal para hacer al ecosistema más resiliente ante un posible incendio.

## 2. El fuego como herramienta: contrafuegos

El **contrafuego** es una técnica de intervención directa frente a incendios forestales que consiste en encender fuego de manera controlada por delante del frente del incendio con el objetivo de eliminar el combustible vegetal y crear una zona ya quemada que actúe como barrera al avance de las llamas.

Este método requiere un conocimiento preciso de:

- La **dirección del viento**, ya que de ello depende el comportamiento de ambos frentes de fuego.
- La **intensidad del incendio principal**, que debe ser controlable desde el punto de vista operativo.
- Las **condiciones del terreno**, la humedad del combustible y otros factores topográficos.

Los contrafuegos son técnicas de emergencia, no preventivas, que solo deben ser ejecutadas por equipos altamente especializados y bajo autorización expresa de la autoridad competente.

*Fig. 2. Un contrafuego es una técnica defensiva utilizada en incendios forestales que consiste en prender fuego controlado frente al avance del incendio principal, con el objetivo de eliminar combustible y frenar el avance del fuego por falta de material combustible*

Los contrafuegos cumplen una función clave en las labores de extinción activa, especialmente en situaciones en que el incendio no puede ser abordado directamente debido a su peligrosidad o intensidad. Al provocar una combustión previa, se logra que el frente del incendio se encuentre con una zona ya calcinada, sin combustible disponible, lo que ralentiza o detiene su avance.

Durante un incendio forestal en una zona de pinar mediterráneo, se decide encender un contrafuego en un camino forestal perpendicular al avance de las llamas. El fuego secundario consume la vegetación disponible en dirección opuesta al incendio principal.

Cuando ambos frentes se encuentran, el incendio pierde fuerza al no tener continuidad de combustible, permitiendo a los equipos de extinción contener el perímetro. Es importante destacar que el contrafuego no debe confundirse con la quema prescrita, ya que esta última forma parte de la planificación preventiva y se realiza fuera de situaciones de emergencia.

## 3. El fuego como herramienta: quemas prescritas

La quema prescrita, también llamada quema controlada, es una técnica preventiva que consiste en aplicar fuego de manera planificada, controlada y autorizada sobre una determinada superficie forestal, con el objetivo de modificar o reducir la carga de combustible vegetal y prevenir incendios más graves en el futuro.

A diferencia del contrafuego, la quema prescrita no se realiza en situación de emergencia, sino como parte de una estrategia selvícola preventiva, y suele ejecutarse durante estaciones de bajo riesgo (invierno o principios de primavera), cuando las condiciones meteorológicas permiten un control seguro del fuego.

*Fig. 3. La quema prescrita, realizada bajo condiciones meteorológicas y técnicas controladas, es una herramienta eficaz para reducir la carga de combustible vegetal y prevenir incendios de gran magnitud*

Las quemas prescritas se basan en un diseño técnico detallado que incluye:

- Objetivos selvícolas concretos (reducción de matorral, mejora de pastos, regeneración natural, etc.).
- Delimitación precisa de las áreas de actuación.
- Condiciones meteorológicas necesarias para su ejecución.
- Medidas de seguridad y planes de contingencia.
- Evaluación de impactos ecológicos y seguimiento posterior.

**Anotación**

Las quemas prescritas están reguladas por normativa autonómica, y requieren autorización administrativa. Solo pueden ser ejecutadas por personal técnico cualificado, con presencia de medios de extinción y en condiciones ambientales adecuadas.

## 3.1. Tipos de quemas prescritas

Existen distintos **tipos de quemas prescritas**, en función de su finalidad, técnica empleada y el momento en que se aplican.

La siguiente tabla resume los principales tipos:

| Tipo de quema prescrita | Objetivo principal | Características clave | Ejemplo de aplicación |
|---|---|---|---|
| **Quema de reducción de combustible** | Reducir la cantidad de material vegetal inflamable. | Se aplica a matorral, pasto seco o restos de corta. | En pinares con denso sotobosque de jara o brezo. |
| **Quema para regeneración natural** | Favorecer la germinación o rebrote de especies vegetales. | Se emplea para activar semillas o estimular brotación tras la quema. | En dehesas para favorecer el rebrote de encinas. |
| **Quema de mejora de pastos** | Renovar pastos degradados y eliminar vegetación no deseada. | Se usa en montes de utilidad ganadera para regenerar el pasto herbáceo. | En zonas de monte bajo con pastoreo extensivo. |
| **Quema sanitaria o fitosanitaria** | Eliminar focos de plagas o enfermedades vegetales. | Controla patógenos o insectos que afectan a determinadas masas forestales. | En pinares con procesionaria o bosques afectados por hongos. |
| **Quema de entrenamiento o investigación** | Formar a equipos técnicos o estudiar el comportamiento del fuego. | Se realiza en parcelas controladas con fines docentes o científicos. | En centros de formación forestal o estudios de piroecología. |

*Fig. 4. Algunas especies, como el pino piñonero o la retama, presentan adaptaciones a los incendios y necesitan del fuego para liberar semillas o regenerar brotes*

La elección del tipo de quema dependerá del **ecosistema**, el **objetivo técnico** y las condiciones climáticas y topográficas. Es fundamental realizar una evaluación de riesgos y asegurar que la quema no genere impactos negativos sobre el suelo, la biodiversidad o los usos del monte.

## 3.2. Pirodiversidad y piroecología

La **piroecología** es la rama de la ecología que estudia el papel del fuego en los ecosistemas naturales, entendiendo el fuego no solo como un agente destructor, sino como un proceso ecológico esencial que modela la estructura, la composición y la dinámica de muchos hábitats.

Desde esta perspectiva, el fuego puede actuar como un **factor regulador natural** en ciertos ecosistemas, promoviendo:

- La **diversidad de especies**, al abrir claros, eliminar especies dominantes o favorecer germinaciones.
- La **renovación del suelo**, mediante la mineralización de nutrientes contenidos en la biomasa vegetal.
- La **dinámica sucesional**, favoreciendo estados pioneros que facilitan nuevas etapas del desarrollo forestal.

*Fig. 5. Algunos ecosistemas, como la sabana, el chaparral o el bosque mediterráneo, presentan una adaptación evolutiva al fuego, y su supresión total puede alterar gravemente su equilibrio ecológico*

El término **pirodiversidad** hace referencia a la variedad de regímenes de fuego que pueden producirse en un paisaje: diferencias en frecuencia, intensidad, estacionalidad, tamaño y forma de los incendios o quemas.

Un paisaje con alta pirodiversidad puede albergar una mayor variedad de hábitats y especies, ya que distintos organismos responden a distintos regímenes de fuego.

Por ejemplo:

- Algunas especies colonizan áreas quemadas recientemente.
- Otras requieren zonas maduras no afectadas por el fuego.
- Algunas necesitan mosaicos con diferentes grados de cobertura vegetal.

| Aspecto del régimen de fuego | Ejemplos de variación | Efectos sobre la biodiversidad |
|---|---|---|
| Frecuencia | Anual, bianual, cada 10 años | Favorece especies con diferentes ciclos de vida o regeneración. |
| Intensidad | Baja (quema de hojarasca) o alta (afecta copa) | Selecciona especies resistentes al calor o al rebrote rápido. |
| Estacionalidad | Invierno, primavera, verano | Determina qué especies están activas o latentes al quemar. |
| Extensión | Localizada o generalizada | Afecta al mosaico del paisaje y a la conectividad ecológica. |

En una finca forestal gestionada con criterios de conservación, se realizan quemas prescritas alternando sectores cada 5 años. Algunas zonas se queman en invierno y otras en primavera, generando un mosaico heterogéneo. Este enfoque incrementa la diversidad de hábitats disponibles y favorece especies tanto herbáceas como arbustivas.

La pirodiversidad está muy ligada al concepto de resiliencia ecológica. Un ecosistema con distintos tipos de respuesta al fuego tiene más capacidad de adaptarse y recuperarse tras perturbaciones naturales.

## 4. Técnicas de la quema

La aplicación del fuego como herramienta preventiva requiere dominar diversas técnicas de ignición y control, adaptadas a los objetivos selvícolas, las condiciones del terreno y la meteorología. Estas técnicas se aplican sobre parcelas bien delimitadas y bajo estrictas condiciones de seguridad, siempre bajo la supervisión de personal técnico autorizado.

Las principales **técnicas de quema** se clasifican según la dirección del fuego respecto al viento y la pendiente, lo que determina la velocidad de avance, la intensidad de las llamas y el efecto sobre el combustible vegetal.

Las principales técnicas de quema prescrita son:

| Técnica | Descripción | Ventajas | Limitaciones |
|---|---|---|---|
| **Quema en contra del viento o quema a retroceso** | El fuego avanza lentamente contra el viento o cuesta arriba. | Alta seguridad, fácil control, menor temperatura. | Avance lento, menor eficacia en zonas muy densas o húmedas. |
| **Quema a favor del viento o quema frontal** | El fuego se propaga en la misma dirección del viento o cuesta abajo. | Rápida eliminación del combustible, útil en vegetación densa. | Mayor intensidad, más riesgo de pérdida de control. |
| **Quema lateral** | Se enciende el fuego perpendicular al viento o en laderas planas. | Permite controlar el perímetro lentamente. | Menor efectividad si se requiere rapidez. |
| **Quema por puntos** | Se encienden focos pequeños y separados estratégicamente en el terreno. | Alta precisión, ideal para mosaicos o zonas sensibles. | Requiere mucho tiempo y personal entrenado. |
| **Quema por franjas** | Se queman líneas paralelas, delimitadas por cortafuegos o fajas sin combustible. | Eficaz para grandes superficies, genera control escalonado. | Puede generar columnas de calor importantes si hay mucho combustible. |

*Fig. 6. La elección de la técnica depende de factores como: velocidad y dirección del viento, tipo de vegetación, pendiente del terreno, humedad del combustible, y proximidad a infraestructuras sensibles*

Todas las técnicas de quema deben ir acompañadas de:

- **Cortafuegos perimetrales** limpios y bien definidos.
- **Presencia de medios de extinción** (mochilas de agua, batefuegos, vehículos cisterna).
- **Control meteorológico continuo**, con protocolos de interrupción en caso de cambio en las condiciones.
- **Equipos de comunicación y señalización**, para coordinación entre operarios.
- **Plan de evacuación y contingencia**, en caso de que la quema se descontrole.

En una ladera con pendiente moderada cubierta de matorral seco, se opta por una quema en contra del viento, encendiendo el fuego desde la parte baja del terreno hacia arriba. Esto reduce la velocidad de propagación y permite a los operarios controlar mejor la línea de fuego.

Estas técnicas son herramientas potentes, pero exigen una planificación rigurosa. La correcta aplicación del fuego puede suponer una mejora significativa en la gestión forestal preventiva, siempre que se realice dentro de un marco legal y técnico bien definido.

## 5. Principios básicos de la quema controlada

La **quema controlada** es una herramienta selvícola altamente efectiva, pero también potencialmente peligrosa si no se respetan una serie de principios técnicos y preventivos.

*Fig. 7. Toda quema debe formar parte de un plan de actuación autorizado, contar con supervisión técnica y realizarse bajo condiciones ambientales y operativas óptimas*

Los siguientes principios básicos son esenciales en cualquier actuación de quema controlada:

### A. Planificación técnica previa

Toda quema debe estar respaldada por un **plan técnico de quema**, en el que se detallen:

- Objetivos de la intervención (reducir combustible, mejorar pastos, control fitosanitario, etc.).
- Descripción de la vegetación y el terreno.
- Técnica de ignición prevista y zonas de escape seguras.
- Estudio de condiciones meteorológicas necesarias.
- Medidas de seguridad, medios humanos y materiales requeridos.
- Evaluación de impactos y plan de seguimiento posterior.

El plan debe ser elaborado por personal cualificado y estar visado o aprobado por la administración competente, según la normativa autonómica.

## B. Autorización administrativa

La legislación forestal vigente en cada comunidad autónoma exige una **autorización previa** para realizar quemas controladas.

Esta autorización:

- Define el periodo permitido para la ejecución.
- Establece las condiciones meteorológicas exigidas (velocidad del viento, humedad relativa, temperatura).
- Determina las superficies y técnicas autorizadas.
- Puede imponer limitaciones adicionales (distancia a carreteras, tendidos eléctricos, etc.).

## C. Condiciones meteorológicas adecuadas

El éxito de una quema controlada depende en gran medida de que se lleve a cabo bajo condiciones meteorológicas predecibles y seguras, como:

- Humedad relativa entre 30% y 60%.
- Vientos suaves y constantes (<20 km/h).
- Ausencia de rachas fuertes o cambios bruscos de dirección.
- Temperatura moderada.

*Fig. 8. La presencia de rocío matinal o humedad en el suelo superficial es otra de las condiciones meteorológicas adecuadas*

## D. Seguridad y control operativo

Para minimizar riesgos, toda quema debe incluir:

- **Cortafuegos o franjas de seguridad** previamente habilitadas alrededor del área de quema.
- **Equipo humano formado**, dotado de emisoras, mochilas extintoras, batefuegos y apoyo mecánico si es necesario.
- **Control visual y comunicación continua** durante toda la operación.
- **Presencia de una persona responsable**, con capacidad de decisión en caso de modificar, suspender o interrumpir la quema.

## E. Evaluación posterior

Una vez realizada la quema, se debe:

- Comprobar la extinción completa de todos los focos.
- Registrar los resultados obtenidos frente a los objetivos iniciales.
- Identificar posibles incidencias o mejoras para futuras actuaciones.
- Supervisar la recuperación del área en los días/semanas posteriores.

Tras ejecutar una quema prescrita para mejorar pastos, el equipo técnico mide la regeneración de la cubierta herbácea a los 30 días y verifica que el rebrote ha sido efectivo y sin impactos negativos en el suelo.

| Principio | Aspecto clave |
|---|---|
| Planificación | Objetivos, técnica, medios y análisis de riesgos. |
| Autorización | Conforme a normativa regional y época del año. |
| Meteorología | Condiciones predecibles y seguras. |
| Seguridad operativa | Equipos formados y medidas de control in situ. |
| Evaluación y seguimiento | Revisión del resultado y efectos ecológicos. |

*Fig. 9. Aplicar estos principios garantiza una intervención segura y maximiza los beneficios preventivos y ecológicos del uso del fuego en la gestión forestal*

# Resumen

El fuego, históricamente percibido como un agente destructivo, se ha incorporado en la selvicultura preventiva como una herramienta eficaz de gestión del territorio cuando se emplea de forma planificada y controlada. Su uso permite reducir la carga de combustible vegetal, mejorar la estructura de la masa forestal, favorecer la regeneración natural, prevenir incendios descontrolados y conservar la diversidad ecológica de los montes.

Uno de los conceptos clave es el de resistencia al fuego, que hace referencia a la capacidad de un ecosistema forestal para soportar un incendio sin colapsar ecológicamente. Esta resistencia puede aumentarse mediante actuaciones selvícolas como clareos, podas, reducción de sotobosque o la elección de especies adaptadas al fuego. A través de estas medidas, se puede transformar un monte vulnerable en una masa forestal más resiliente ante futuras perturbaciones.

Entre las técnicas que emplean el fuego destaca el contrafuego, una medida de emergencia que consiste en encender fuego delante del frente del incendio para eliminar el combustible antes de que lleguen las llamas. Es una técnica muy peligrosa, reservada para equipos altamente cualificados y situaciones extremas. No debe confundirse con la quema prescrita, que es una intervención planificada y legalmente autorizada con fines preventivos o de mejora forestal.

La quema prescrita o quema controlada consiste en aplicar fuego sobre una zona forestal en condiciones previamente establecidas, fuera del periodo de alto riesgo y con objetivos técnicos definidos. Existen diversos tipos según la finalidad perseguida: reducción de combustible, mejora de pastos, regeneración natural, control de plagas o uso formativo. Estas actuaciones se diseñan y ejecutan con medidas de seguridad muy estrictas y requieren autorización administrativa.

Desde el punto de vista ecológico, la unidad introduce los conceptos de piroecología y pirodiversidad. La piroecología estudia el papel del fuego como proceso natural en los ecosistemas, destacando que, en muchas zonas, como el Mediterráneo, el fuego es un agente regulador del equilibrio ecológico. La pirodiversidad, por su parte, se refiere a la variedad de regímenes de fuego (frecuencia, intensidad, extensión) que favorecen una mayor diversidad de hábitats y especies, siendo clave para mantener paisajes resilientes y biodiversos.

Para aplicar una quema controlada con éxito es imprescindible conocer las técnicas de ignición más utilizadas, como la quema a favor o en contra del viento, por puntos o por franjas. Cada técnica tiene ventajas y limitaciones según el tipo de combustible, pendiente, condiciones meteorológicas y objetivos del plan. Su ejecución debe contar siempre con medios de extinción, personal formado, cortafuegos perimetrales y un plan de contingencia ante imprevistos.

Finalmente, la unidad concluye con los principios básicos de la quema controlada, que incluyen la planificación técnica, la autorización legal, la verificación de condiciones meteorológicas óptimas, el control operativo durante la ejecución y la evaluación posterior de los efectos. Solo mediante el cumplimiento riguroso de estos principios es posible garantizar que el fuego, en lugar de ser una amenaza, se convierta en un aliado estratégico de la gestión forestal sostenible.

# Glosario

**Área cortafuegos**

Franja de terreno, natural o artificial, en la que se ha eliminado o reducido al mínimo la vegetación combustible para dificultar la propagación del fuego.

**Contrafuego**

Técnica de extinción de incendios que consiste en encender fuego controlado delante del frente del incendio, con el fin de eliminar el combustible disponible y detener el avance de las llamas.

**Cortafuegos**

Infraestructura preventiva lineal, generalmente despejada de vegetación, que actúa como barrera frente a incendios forestales. Puede ser artificial, natural o vegetal.

**Fuego prescrito / Quema controlada**

Fuego aplicado intencionadamente en condiciones ambientales específicas, con fines preventivos o de manejo forestal, y bajo control técnico y legal.

**Intensidad del fuego**

Cantidad de energía liberada por el fuego en una unidad de tiempo. Influye directamente en la temperatura alcanzada y en el impacto sobre la vegetación.

**Pirodiversidad**

Variedad de regímenes de fuego (frecuencia, intensidad, extensión, estacionalidad) presentes en un paisaje, que contribuyen a la diversidad ecológica.

**Piroecología**

Disciplina que estudia el papel ecológico del fuego en los ecosistemas, incluyendo sus efectos sobre el suelo, la flora, la fauna y los procesos de sucesión ecológica.

**Quema a favor del viento (frontal)**

Técnica en la que el fuego avanza en la misma dirección del viento o de la pendiente, generando mayor velocidad de propagación y mayor intensidad.

**Quema a retroceso (contra el viento)**

Técnica en la que el fuego avanza en dirección opuesta al viento o cuesta arriba. Es más lenta y controlada, pero menos intensa.

**Quema por puntos**

Técnica de ignición en la que se encienden focos individuales separados estratégicamente, útil para mosaicos o zonas sensibles.

**Quema por franjas**

Método en el que se quema por sectores paralelos, de manera escalonada y delimitada por zonas de seguridad o cortafuegos.

**Quema sanitaria**

Tipo de quema prescrita cuyo objetivo es eliminar focos de plagas o enfermedades vegetales presentes en la masa forestal.

**Quema de mejora de pastos**

Intervención controlada con fuego para eliminar vegetación envejecida y favorecer el rebrote de especies herbáceas aprovechables para el pastoreo.

**Regeneración natural**

Proceso por el cual se renueva la masa forestal mediante semillas o brotes sin intervención de plantación directa.

**Resistencia al fuego**

Capacidad de un ecosistema o especie vegetal para soportar los efectos del fuego sin sufrir daños irreversibles.

# Ejercicios de autoevaluación

**1. ¿Qué se entiende por resistencia al fuego en un ecosistema forestal?**

a. Su capacidad para iniciar un incendio.
b. Su velocidad de regeneración tras un incendio.
c. Su capacidad para soportar un incendio sin daños irreversibles.
d. La presencia de especies inflamables en la zona.

**2. ¿Cuál de los siguientes factores mejora la resistencia al fuego?**

a. Alta densidad de vegetación seca.
b. Pendientes pronunciadas.
c. Acumulación de restos leñosos.
d. Eliminación del combustible muerto.

**3. El contrafuego es una técnica utilizada principalmente en:**

a. Actividades de repoblación.
b. Gestión ganadera extensiva.
c. Situaciones de emergencia durante un incendio.
d. Prevención de plagas.

**4. ¿Cuál de estas afirmaciones sobre el contrafuego es correcta?**

a. Se realiza solo en invierno.
b. Es una técnica de prevención planificada.
c. Solo debe ser ejecutado por personal especializado.
d. No requiere autorización administrativa.

**5. ¿Qué diferencia principal existe entre contrafuego y quema prescrita?**

a. La quema prescrita es preventiva y el contrafuego es reactivo.
b. El contrafuego se realiza en primavera.
c. Ambos se aplican en las mismas condiciones.
d. El contrafuego requiere menos preparación.

**6. ¿Cuál es un objetivo habitual de las quemas prescritas?**

a. Aumentar la densidad arbórea.
b. Incrementar la continuidad del combustible.
c. Elevar el riesgo de incendio.
d. Reducir la carga de material vegetal inflamable.

**7. ¿Qué tipo de quema prescrita se realiza para eliminar plantas enfermas o afectadas por plagas?**

a. De regeneración.
b. De entrenamiento.
c. De mejora de pastos.
d. Sanitaria o fitosanitaria.

**8. ¿Qué técnica de quema se caracteriza por tener menor intensidad y mayor seguridad?**

a. A favor del viento.
b. En contra del viento.
c. Por franjas paralelas.
d. Por focos múltiples simultáneos.

**9. ¿Cuál de estas condiciones meteorológicas es deseable para realizar una quema controlada?**

a. Rachas de viento fuertes.
b. Humedad relativa inferior al 20%.
c. Viento suave y constante.
d. Temperaturas superiores a 35 °C.

**10. ¿Qué técnica de quema consiste en encender múltiples pequeños focos distribuidos?**

a. Quema frontal.
b. Quema en contra del viento.
c. Quema lateral.
d. Quema por puntos.

# Aplicaciones prácticas

## Aplicación práctica 1. Tratamientos selvícolas

Unidad de aprendizaje 1: Bases de la selvicultura preventiva

El monte de Arguijo, situado en el piedemonte de la Sierra de la Demanda, presenta una masa de rebollos *(Quercus pyrenaica)* con una estructura irregular. Su origen es mixto, predominando los pies de rebrote de cepa.

En una reciente visita técnica, se han observado las siguientes características:

- Densidad de pies elevada, con competencia intensa entre ejemplares.
- Copas cerradas que impiden la llegada de luz al sotobosque.
- Escasa regeneración natural.
- Presencia notable de matorral denso inflamable (retamas, escobas).
- El objetivo de gestión es favorecer una masa más estable, con buena regeneración y menor riesgo de incendio.

A continuación, se presenta una tabla con el análisis técnico. Complétala asociando a cada observación forestal el tratamiento selvícola más adecuado y su justificación.

| Factor observado | Tratamiento selvícola recomendado | Justificación |
|---|---|---|
| Alta densidad de pies | | |
| Cobertura de copas muy cerrada | | |
| Escasa regeneración natural | | |
| Predominio de pies de rebrote | | |
| Matorral inflamable en zonas soleadas | | |

## Aplicación práctica 2. Criterios técnicos para la ejecución de clareos

Unidad de aprendizaje 2: Tratamientos selvícolas: podas, clareos, desbroces, eliminación de residuos, etc.

Una cuadrilla forestal trabaja en una plantación de pino carrasco *(Pinus halepensis)* de unos 18 años de edad, en un monte público de clima mediterráneo. La masa muestra una alta densidad (aproximadamente 2.000 pies/ha), con árboles finos, alargados y competidores entre sí, con escaso desarrollo en grosor.

El técnico indica que el plan selvícola contempla un clareado ligero, pero uno de los operarios propone aprovechar la intervención para eliminar no solo pies mal conformados, sino también codominantes, justificando que así se "alivia" mejor la competencia. Mientras tanto, los restos de corta están acumulándose sin gestión, bloqueando algunos caminos internos del monte.

¿Qué aspectos del tratamiento propuesto deben corregirse para que el clareo sea técnicamente adecuado y cumpla con los principios de selvicultura preventiva?

# Aplicación práctica 3. Aspectos del plan de prevención

Unidad de aprendizaje 3: Planes de prevención

El municipio de Valdemonte, situado en una comarca de clima mediterráneo interior, cuenta con una pequeña urbanización llamada "El Encinar", formada por 42 viviendas diseminadas en el borde de un pinar público.

Durante una inspección técnica a finales de primavera, los agentes medioambientales detectan varias deficiencias graves:

- Las parcelas colindantes a las viviendas presentan matorral seco acumulado y restos de poda del invierno anterior.
- Los caminos de acceso no están despejados y presentan vegetación en los márgenes.
- No existe señalización de puntos de agua cercanos.
- Algunos vecinos realizan pequeñas quemas de restos vegetales en sus parcelas sin ningún tipo de autorización.

A pesar de estos indicios, el ayuntamiento aún no ha aprobado su Plan de Emergencia Municipal frente a Incendios Forestales (PEIF) ni ha emitido bandos recordando la obligación de mantener las parcelas limpias.

Identifica cuál de las siguientes afirmaciones es incorrecta y explica por qué:

- El ayuntamiento podría ser corresponsable en caso de incendio por no haber implementado las medidas de prevención exigidas por la normativa autonómica.
- Los vecinos están obligados a gestionar el combustible vegetal de sus parcelas, especialmente en zona de interfaz urbano-forestal.
- El PEIF solo es obligatorio en municipios con más de 5.000 habitantes, por lo que Valdemonte no necesita elaborarlo.
- Una actuación preventiva eficaz incluiría eliminar los residuos de poda, señalizar puntos de agua y revisar los caminos de acceso.

## Aplicación práctica 4. Diseño de áreas cortafuegos

Unidad de aprendizaje 4: Áreas cortafuegos: cortafuegos artificiales, cortafuegos verdes y cortafuegos naturales (pedregales, vías, carreteras, etc.)

El técnico forestal del Ayuntamiento de Monteclaro ha recibido el encargo de diseñar un nuevo cortafuegos en el paraje de "El Peñascal", una zona de alto valor ecológico situada en la ladera sur de una sierra cubierta de pinares. Las condiciones del paraje son las siguientes:

- Altitud: entre 700 y 1.000 m.
- Pendiente media: 25%.
- Vegetación: Pinar adulto de pino resinero con sotobosque denso de jara y brezo.
- Tipo de suelo: poco profundo y con tendencia a la erosión.
- Viento predominante: del suroeste, seco y frecuente en verano.
- Zona adyacente: núcleo rural a 400 m de distancia.
- Uso recreativo habitual (senderismo).

El técnico debe justificar la anchura, el tipo de intervención, los impactos ambientales a evitar y las medidas complementarias que propondría para este cortafuegos. ¿Cómo debería planificarse el diseño del cortafuegos en "El Peñascal" para cumplir su función preventiva sin comprometer la estabilidad ecológica del entorno?

## Aplicación práctica 5. Actuaciones para la quema prescrita

Unidad de aprendizaje 5: Utilización del fuego como herramienta de prevención

El equipo técnico del Ayuntamiento de Valdeguadaña recibe una solicitud de la asociación de ganaderos locales para intervenir en una zona de monte bajo que ha sido históricamente utilizada como pastizal de aprovechamiento extensivo. En los últimos años, debido al abandono de prácticas tradicionales, el matorral de Cistus ladanifer (jara pringosa) y Erica arborea (brezo) ha colonizado el terreno, desplazando a las especies herbáceas autóctonas y reduciendo significativamente el alimento disponible para el ganado.

Los técnicos forestales proponen realizar una quema prescrita, bajo planificación y autorización administrativa, para regenerar los pastos degradados y favorecer el rebrote de gramíneas y leguminosas silvestres. La actuación se llevará a cabo en invierno, con previsión de lluvias posteriores.

1. ¿Qué tipo de quema prescrita corresponde aplicar en este caso?
2. ¿Qué técnica de ignición sería más adecuada dadas las condiciones del terreno?
3. Indica dos beneficios ecológicos y dos beneficios productivos que se pueden esperar de esta actuación.

# Ejercicio de evaluación final

**1. ¿Qué tratamiento selvícola tiene como objetivo mejorar la calidad de los árboles seleccionados?**

a. Tala rasa.
b. Clareo o corta de mejora.
c. Corta de regeneración total.
d. Entresaca sanitaria.

**2. La tala rasa consiste en:**

a. Eliminar solo los pies suprimidos o enfermos.
b. Cortar todos los árboles de una zona al mismo tiempo.
c. Desbrozar el matorral sin afectar a los árboles.
d. Cortar una franja a lo largo de una carretera.

**3. ¿Cuál de estas prácticas es propia de la selvicultura preventiva?**

a. Fertilización con nitrógeno.
b. Aumento de densidad de plantación.
c. Reducción de la carga de combustible vegetal.
d. Riego artificial por goteo.

**4. ¿Qué pies reciben más luz y suelen tener mayor desarrollo?**

a. Suprimidos.
b. De rebrote.
c. Dominantes.
d. Codominantes.

**5. ¿Qué característica tienen los montes españoles en cuanto a titularidad?**

a. Predomina la propiedad privada.
b. Son mayoritariamente de uso comunal.
c. Están gestionados solo por el Estado.
d. Suelen estar en manos de empresas extranjeras.

**6. ¿Qué objetivo principal persigue la selvicultura para la regeneración y mejora?**

a. Eliminar toda la vegetación para restaurar el suelo.
b. Sustituir especies autóctonas por especies exóticas.
c. Favorecer el desarrollo de una nueva generación de árboles y mejorar los existentes.
d. Generar espacios abiertos para el pastoreo intensivo.

**7. ¿Qué tipo de eliminación consiste en convertir los residuos en astillas aprovechables?**

a. Apilado.
b. Astillado o trituración.
c. Enterramiento.
d. Quema autorizada.

**8. ¿Cuál de las siguientes es una desventaja de la mecanización forestal?**

a. Posible compactación del suelo.
b. Reducción del tiempo de trabajo.
c. Mejora la eficiencia en desbroces.
d. Disminución del riesgo para el operario.

**9. ¿Qué tratamiento se realiza en bosques con árboles maduros y busca eliminar la competencia de los mejores pies?**

a. Limpias.
b. Clareos.
c. Claras.
d. Podas tempranas.

**10. ¿En qué tratamiento se deben respetar técnicas de corte y periodos del año adecuados para evitar infecciones?**

a. Clareo.
b. Limpia.
c. Clara.
d. Poda.

**11. La mecanización en la selvicultura preventiva permite:**

a. Sustituir completamente el trabajo humano.
b. Reducir el tiempo y aumentar la seguridad en las intervenciones.
c. Actuar sin necesidad de planificación.
d. Reforestar automáticamente áreas degradadas.

**12. ¿Qué práctica está sujeta a fuertes restricciones legales por su alto riesgo en la eliminación de residuos?**

a. Trituración in situ.
b. Apilado lineal.
c. Transporte a punto limpio.
d. Quema controlada.

**13.¿Qué característica define la prevención local?**

a. Se aplica solo en parques naturales.
b. Es competencia exclusiva del Estado.
c. Consiste únicamente en campañas publicitarias.
d. Es directa, operativa y adaptada al territorio.

**14.¿Qué documento pueden elaborar los ayuntamientos para gestionar emergencias por incendios?**

a. PEI (Plan Estatal de Intervención).
b. PEIF (Plan de Emergencia por Incendios Forestales).
c. PGOU (Plan General de Ordenación Urbana).
d. PERTE forestal.

**15.¿Qué medida puede incluir una ordenanza municipal en zona forestal?**

a. Obligación de desbroce de parcelas privadas.
b. Eliminación de cortafuegos.
c. Prohibición de cultivo ecológico.
d. Subsidios para construcción en monte.

**16.¿Cuál de los siguientes actores tiene obligaciones legales de prevención?**

a. Solo las administraciones públicas.
b. También los propietarios forestales.
c. Exclusivamente las brigadas estatales.
d. El personal sanitario.

**17.¿Qué función cumple el pastoreo dirigido dentro de la prevención?**

a. Reducir la biomasa combustible de forma natural.
b. Compactar el suelo forestal.
c. Eliminar especies arbóreas protegidas.
d. Evitar la germinación de nuevas plantas.

**18.¿Qué elemento se considera clave para el éxito de los planes de prevención?**

a. El aislamiento político.
b. La colaboración institucional y social.
c. La ausencia de actividad humana.
d. La sustitución del bosque por matorral.

**19.¿Cuál de los siguientes es un criterio a tener en cuenta en la localización de acciones preventivas?**

a. Zonas de sombra permanente.
b. Interfaz urbano-forestal.
c. Presencia de especies exóticas.
d. Áreas de baja altitud.

**20.¿Qué tipo de vegetación se prioriza en los cortafuegos verdes?**

a. Vegetación densa y resinosa.
b. Árboles de hoja perenne.
c. Especies arbustivas invasoras.
d. Vegetación de bajo riesgo inflamable.

**21.¿Cuál de las siguientes opciones representa una actuación en la masa?**

a. Instalación de cámaras térmicas.
b. Laboreo del suelo en caminos.
c. Aclareo del arbolado y desbroce del sotobosque.
d. Construcción de un depósito de agua.

**22.¿Qué herramienta puede apoyar la planificación de cortafuegos mediante datos espaciales?**

a. Nivela manual.
b. Sistema de Información Geográfica (SIG).
c. Pluviómetro.
d. Termómetro digital.

**23.¿Cuál es una consecuencia negativa de la creación de cortafuegos sin planificación ambiental?**

a. Erosión del suelo y pérdida de biodiversidad.
b. Mejora de la conectividad ecológica.
c. Aumento del valor turístico del paisaje.
d. Disminución del riesgo de enfermedades.

**24.¿Qué característica debe tener un camino forestal para considerarse infraestructura preventiva?**

a. Estar asfaltado.
b. Tener árboles en el centro.
c. Ser accesible todo el año para vehículos de emergencia.
d. Conectar exclusivamente con zonas recreativas.

**25.¿Qué es la piroecología?**

a. El estudio de la erosión causada por el fuego.
b. El estudio del papel ecológico del fuego en los ecosistemas.
c. La aplicación de fuego para repoblar terrenos.
d. La ciencia que calcula los riesgos de incendio.

**26.¿Qué describe el concepto de pirodiversidad?**

a. El número de especies resistentes al fuego.
b. La variedad de regímenes de fuego en un paisaje.
c. La velocidad de regeneración tras incendios.
d. La superficie afectada por el fuego cada año.

**27.Una mayor pirodiversidad en un ecosistema puede favorecer:**

a. La pérdida de biodiversidad.
b. El monocultivo forestal.
c. La presencia de hábitats variados y biodiversos.
d. La compactación del suelo.

**28.¿Cuál de las siguientes no es una técnica reconocida de quema prescrita?**

a. Quema lateral.
b. Quema a favor del viento.
c. Quema por aspersión.
d. Quema por franjas.

**29.¿Qué debe incluir obligatoriamente un plan técnico de quema?**

a. Plan de fertilización del terreno.
b. Inventario histórico de incendios.
c. Objetivos, técnica empleada y medidas de seguridad.
d. Nombre del propietario del monte.

**30.¿Qué principio básico de la quema controlada implica analizar los resultados y efectos tras su ejecución?**

a. Planificación.
b. Seguridad operativa.
c. Autorización administrativa.
d. Evaluación posterior.

# Solucionario

## U. A. 1. Bases de la selvicultura preventiva

**1.** c
**2.** b
**3.** c
**4.** a
**5.** b
**6.** c
**7.** c
**8.** b
**9.** b
**10.** d

## U. A. 2. Tratamientos selvícolas: podas, clareos, desbroces, eliminación de residuos, etc.

**1.** c
**2.** b
**3.** b
**4.** a
**5.** b
**6.** b
**7.** c
**8.** b
**9.** b
**10.** d

## U. A. 3. Planes de prevención

**1.** c
**2.** a
**3.** b
**4.** c
**5.** a
**6.** b
**7.** c
**8.** c
**9.** b
**10.** d

## U. A. 4. Áreas cortafuegos: cortafuegos artificiales, cortafuegos verdes y cortafuegos naturales (pedregales, vías, carreteras, etc.)

**1.** c
**2.** a
**3.** c
**4.** b
**5.** b
**6.** b
**7.** d
**8.** a
**9.** b
**10.** c

## U. A. 5. Utilización del fuego como herramienta de prevención

**1.** c
**2.** d
**3.** c
**4.** c
**5.** a
**6.** d
**7.** d
**8.** b
**9.** c
**10.** d

# Bibliografía

## Legislación

Ley 43/2003, de 21 de noviembre, de Montes

Ley 42/2007, de 13 de diciembre, del Patrimonio Natural y de la Biodiversidad

Ley 21/2013, de 9 de diciembre, de Evaluación Ambiental

Real Decreto 893/2013, por el que se aprueba el Plan Estatal de Protección Civil ante el Riesgo de Incendios Forestales

## Webgrafía

**Clareos y Claras. Aclaraciones clarificadoras**
https://silvicultor.blogspot.com/2015/04/clareos-y-claras-aclaraciones.html

**Conjunto de herramientas para la Gestión Forestal Sostenible (GFS)**
https://www.fao.org/sustainable-forest-management/toolbox/modules-alternative/silviculture-in-natural-forests/basic-knowledge/es/

**Creación y mantenimiento de áreas cortafuegos**
https://desbrocesgalera.com/creacion-y-mantenimiento-de-areas-cortafuegos/

**Piroecólogos: quemadores de bosques para evitar los incendios**
https://www.elmundo.es/ciencia-y-salud/ciencia/2018/08/31/5b882f05268e3eca628b4619.html

**Prevención y control: utilizar el contrafuego para combatir los incendios forestales**
https://ctif.org/es/news/prevencion-y-control-utilizar-el-contrafuego-para-combatir-los-incendios-forestales

**Qué es el desbroce forestal y cómo se lleva a cabo**
https://agronsa.com/que-es-desbroce-forestal-tipos/

**¿Qué es la selvicultura preventiva?**
https://www.sintra-sa.es/selvicultura-preventiva/

**Quema prescrita**
https://www.bosque.gov/ciencia/incendios/prevencion/quemaprescrita.html

**Quemar para evitar incendios**
https://fuegolab.blogspot.com/2023/04/quemar-para-evitar-incendios-estamos.html

**¿Qué son los cortafuegos y por qué son tan importantes para gestionar los incendios forestales?**
https://azadaverde.org/que-son-los-cortafuegos

**Silvicultura: ¿Qué es y cuál es su papel clave en la sostenibilidad?**
https://www.garnica.one/blog/silvicultura-que-es-y-sus-funciones.html

**Tratamientos selvícolas**
https://selvicultores2014.wixsite.com/selvicultura/tratamientos

**Usar el fuego contra el fuego: las quemas prescritas**
https://www.wwf.es/?35202/Usar-el-fuego-contra-el-fuego-las-quemas-prescritas